环境保护部宣传教育司
组织编写

# 环境应知

## 100问

HUANJING
YINGZHI 100 WEN
NINSHENBIAN DE HUANJING ZHISHI

## 您身边的环境知识

张　辉　主编

李　军　王琳琳　陈妍凌　编写

中国环境出版社·北京

## 图书在版编目（CIP）数据

环境应知 100 问：您身边的环境知识 / 张辉主编 . -- 北京：中国环境出版社，2015.3

ISBN 978-7-5111-2282-7

Ⅰ．①环… Ⅱ．①张… Ⅲ．①环境保护—问题解答 Ⅳ．①X-44

中国版本图书馆 CIP 数据核字（2015）第 049730 号

出 版 人 王新程
责任编辑 孔　锦
责任校对 尹　芳
装帧设计 彭　杉

出版发行 中国环境出版社
　　　　　（100062　北京市东城区广渠门内大街 16 号）
　　　　　网　　　址：http://www.cesp.com.cn
　　　　　电子邮箱：bjgl@cesp.com.cn
　　　　　联系电话：010-67112765（编辑管理部）
　　　　　　　　　　010-67187041（学术著作图书出版中心）
　　　　　发行热线：010-67125803，010-67113405（传真）
印　　刷 北京中科印刷有限公司
经　　销 各地新华书店
版　　次 2015 年 3 月第一版
印　　次 2015 年 3 月第一次印刷
开　　本 880×1230　1/32
印　　张 5.25
字　　数 100 千字
定　　价 25.00 元

# 序

习近平同志指出，良好生态环境是最公平的公共产品，是最普惠的民生福祉。环境保护与每个人切身相关，正因为如此，我们在享受优美环境之"福"、感触环境污染之"痛"的同时，更应该好好想一想，我们能为保护环境做些什么。

当前，我国环境恶化的趋势还没有得到根本扭转，影响和损害群众健康的环境问题还不少，环境质量状况与公众的期待相差甚远，改善环境质量、防范环境风险、应对全球环境问题是我们面对的严峻挑战和难题。我国要在 2020 年全面建成小康社会，最重要的标志、也是最大的制约因素就是生态环境。面对严峻的环境形势与任务，仅靠环保部门的力量远远不够，需要政府、公众、社会组织以及一切关心环境问题的人们共同探寻解决之道。

从世界范围看，环保事业发展的最初推动力量就来自公众，没有公众的积极参与就没有环境保护运动。1970 年 4 月 22 日，美国约 2 000 万人参加环保游行，这一天后来被确定为"地球日"而得到永久性纪念，这是现代环保运动的开端。在日本，20 世纪中叶发生了一系列严重的环境公害事件。受害者进行了大规模法律诉讼，许多地区成立了反对环境污染的民间组织。1970年，反对只发展经济不考虑环保的国民人数第一次以45%对33%的比例占据日本社会主流。公众的强烈参与，促使日本国会专门讨论环境公害问题，陆续颁布一系列环保法规，推动环境污染公害治理逐步显现成效。

在我国，自20世纪末以来，以圆明园整治工程环境影响听证会为标志性起点，公众参与环境保护呈现出日趋活跃的态势。国家和地方在引导公众参与环境保护方面做了大量工作，不断完善制度，拓宽参与途径，加大支持力度。

但总体来看，我国环保公众参与仍面临一些困难和挑战，比如公民获取环境信息门槛高、利益表达渠道窄、法律保障体系不够完善、机制不健全等。近几年来，由于公众对PX、垃圾焚烧、核与辐射等建设项目的环境影响心存疑虑，不断引发群体性事件。"欢迎建设，但请远离我家后院"，屡屡发生的"邻避效应"，引发全社会广泛关注与思考。一方面，公众环境权利主张日益高涨；另一方面，地方经济发展失衡、污染治理滞后、政府管理落伍，各种矛盾交织，加剧了公众对环境恶化的焦虑，使身边环境问题成为情绪宣泄的出口，成为影响社会稳定的重要因素。

严峻的现实告诉我们，必须高度重视环保公众参与。首先，环保离公众的利益最近最直接。从根本上讲，环保工作的目标和对象，无论是解决最宏观最重大的环境政策问题，还是受理微观的环境信访问题，面对的无一例外都是公众。其次，做好公众参与，才能有力推动环保工作。单靠环保部门微乎其微的行政权力单打独斗，不可能从根本上扭转目前严峻的环境形势。只有让公众充分行使参与环境保护这一公共事务的权利，才能推进科学决策、公平正义，才能使环境保护的决策和措施更加集中公众智慧、切中公众诉求，才能通过公众的力量实现对各级政府和部门的有效监督，才能对各种违法排污企业形成更有力的震慑，才能建立起同呼吸共奋斗的社会参与体系，最终凝聚起环境保护的合力。

党的十八届三中全会提出，要创新社会治理体制，改进社会治理方式。"邻避效应"充分说明，要积极探索环境治理能力和体系现代化，把社会力量动员起来，开创社会制衡型环境治理模式。这种模式不仅强调政府的主导作用，同时更加注重公众的主体作用，通过公众监督和合理维权，有效地制衡企业违法排污等破坏环境行为。2015 年 1 月 1 日开始实施的新《环境保护法》，明确规定公民享有环境知情权、参与权和监督权，并设专章规定信息公开和公众参与，对今后的环保公众参与提出了更细致、更全面、更严格的要求和规定，环保公众参与有了坚强有力的法律保障。

同时，我们也应该看到，环境问题涉及面广，具有一定的专业性。"全国公众生态文明意识调查"结果显示，生态知识普及呈现"高了解率、低准确率"的特点，公众对基本生态概念的认知仅处于初步的资讯层次，没有形成科学全面的生态知识体系，这在一定程度上成为公众参与环境保护的限制性因素。近年一些公众参与环境决策的案例中，部分参与者缺乏对所涉环境问题的科学认知，缺乏独立、理性判断，人云亦云，带有一定盲目性。普及环保知识，提高公众环境意识，是促进公众参与健康发展的一项紧迫而重要的任务。

为帮助公众获取并掌握环境科学知识，提升环境科学素养，对常见环境问题做出正确判断，环境保护部宣传教育司组织编写了《环境应知 100 问——您身边的环境知识》一书。这本书以普通公众为对象，是一本针对身边环境问题的环保知识普及读物。该书集科学性、知识性、实用性与通俗性于一体，易于理解，便于学习。

"春种一粒粟，秋收万颗子。"环保事业是关系公众切身利益的大事，是最无私的人所从事的最无私的事业。希望我们每个人都奉献出自己的热情，从自己做起，从身边事做起，科学发声，理性发声，依法有序参与，让点点滴滴的环保行为汇成蓬蓬勃勃的生态文明建设力量，让我们的天更蓝、地更绿、水更清。

2015 年 2 月 15 日

# 目 录

# 如何依法保障
# 公众环境健康?

## 编者的话

有人说，环境与健康工作怎么重视都不为过。此话并非言过其实，因为不让环境危害人体健康，是人民群众应有的权益，也是环境保护事业"以人为本"的直接体现。

新修订的《环境保护法》明确了环境与健康保护制度，开启了我国环境与健康保护工作法制化的新征程。30年来，作为经济增长最快的发展中国家，我国面临着环境与健康问题的重大挑战。加强环境与健康工作，认真研究、切实把握当前环境与健康问题的基本特点和目标任务，是环境管理战略转型的必然趋势。

# 1.立法保障公众健康有何重要意义?

我国经济高速发展带来了环境污染，各种污染物可通过呼吸、饮食等途径进入人体，对健康造成危害。但由于环境污染对健康的损害具有滞后性，污染物从排放到进入人体，最后造成健康危害，可能需要几年、十几年甚至更长时间，很多时候人们的直观感受不强。然而，一些健康危害一旦造成，后果却不可逆转，如血铅对儿童的危害，一旦造成智力损伤，将很难恢复。过去基于发展经济等诸多因素考虑，我国法律对于保障公众环境健康认识不够，缺乏环境与健康保护的基本制度。

另外，环境污染对健康的影响往往呈现多源头排放、多介质污染、多途径暴露和多受体危害的特征。这意味着环境与健康问题涉及社会关系极其复杂，牵扯的利益关系非常多元，同时环境与健康风险的社会心理扩散效应可能远远超过环境污染造成的健康效应本身。所以，法律必须把这种社会恐慌控制在一定程度之内，让人们感到安全。保障公众健康和生态安全，是环境保护立法的一个底线。

# 2. 环境污染带来哪些健康风险？

环境污染已成为影响我国公众健康的危险因素之一。首先，一些与环境污染相关的疾病总体呈上升趋势。新中国成立以来，我国人均期望寿命由 1949 年以前的 35 岁升至 2010 年的 74.83 岁，达到中等发达国家水平。但值得注意的是，一些与环境污染相关的疾病死亡率或患病率出现上升趋势，比如出生缺陷患病率。研究认为，人口老龄化、生活方式、诊断水平、监测水平等因素难以解释这些疾病上升的原因，环境污染加剧或其相对重要性上升所带来的健康风险不容忽视。

其次，局部地区存在环境污染带来的健康风险问题。根据 2011—2012 年中国人群环境暴露行为模式调查与研究，我国居民暴露于现代和传统双重的环境健康风险压力之中，而现阶段传统型环境健康风险仍占主导地位。由于历史原因，我国有 1.1 亿居民住宅周边 1 千米范围内有石化、炼焦、火力发电等重点排污企业，1.4 亿居民住宅周边 50 米范围内有交通干道，5.9 亿居民在室内直接使用固体燃料做饭，4.7 亿居民在室内直接使用固体燃料取暖，2.8 亿居民使用不安全饮用水。城市居民暴露于传统和现代型风险的人数比例为 1∶1，农村居民暴露于传统和现代型风险的人数比例为 8∶1。传统型污染暴露主要受经济发展程度制约，现代型污染暴露主要与地区规划、产业布局有关。

再次，由于历史原因，个别地方已经受到大量有毒有害且不可降解的有机物、重金属污染，这些历史欠账，有的无法还，有的暂时还不起。一些环境与健康事件由此而生，以重金属尤其是铅污染问题最为突出，这类污染事件一般具有明确的因果关系或者特异性健康效应指标。但大量有关环境污染导致健康损害发生或出生缺陷高发等报道，由于缺乏基础数据和机理研究，因果关系难以判定。

我国当前的环境与健康问题短期内难以解决，主要呈现如下特点：复合型污染严重，污染范围广，暴露人口多；人群暴露时间长，污染物暴露水平高，历史累积污染对健康影响短时间内难以消除；城乡差异显著；由工业化、城市化进程带来的环境污染健康风险逐步增强。此外，人口老龄化将进一步增加健康风险。

# 3. 我国环境与健康工作现状如何？

在战略部署方面，科学谋划环境与健康工作的中长期发展思路。完成了"中国环境与健康战略研究"，提出与中国未来50年社会、经济与环境发展相适应的分阶段环境与健康工作调整思路。

在法制建设方面，为加强环境健康风险管理、推动环境与健康工作纳入法制化轨道，经努力，"保障公众健康"、"建立健全环境与健康监测、调查和风险评估制度"等内容最终纳入了新《环境保护法》。

在科学规划方面，国家层面建立了国家环境与健康工作领导小组工作协作机制，发布了《国家环境与健康行动计划

（2007—2015）》；部门层面发布了《国家环境保护"十二五"环境与健康工作规划》等。

大力开展环境与健康调查研究。"十一五"以来，环境保护部累计安排资金 1.80 亿元用于开展环境与健康基础调查和政策标准研究。针对社会关注热点问题开展实地调研，如儿童血铅超标及大气污染对居民健康影响等调查。

加强环境与健康公共服务。建设环境与健康信息共享与服务系统，推动环境与健康研究成果转化，加强环境与健康宣传教育和学术交流等。

# 4. 应对健康风险存在哪些不足？

目前，我国应对和解决重大环境与健康问题能力薄弱。

行政管理职能交叉制约了环境与健康工作系统推进。环境与健康问题影响范围广、隐蔽性强、后果严重，危及国家安全和社会稳定；应对环境与健康风险涉及部门较多，存在统筹协调责任主体不清，实际工作中多头管理，资源共享难、监测网络整合难等问题。同时，地方政府也未将其纳入社会经济发展规划，一些地方既无专门机构也无专门人员。

底数不清成为解决环境与健康问题的瓶颈。我国自 20 世

纪 90 年代以来，未再开展全国性或区域性大规模环境与健康调查，基础性、连续性的调查和监测也未能纳入常规工作。因此，环境污染导致人群健康损害的地区分布、健康损害程度和趋势演变等情况不清，不但给识别主要环境危险因子带来困难，而且也难以开展环境健康风险评价，及时调整相关政策并提出针对性治理措施。

解决环境与健康问题缺乏有效管理手段和方法。新修订的环保法对环境与健康工作只是原则性规定，相关配套制度和标准体系还不健全，现行管理制度及管理目标缺乏与健康问题的衔接。

环境与健康工作基础能力亟待加强。目前，环境与健康领域缺乏优秀的领军人才和强大的支撑队伍。科研方面，由于长期系统化基础研究不足，缺少规范的环境与健康调查技术方法，一些重要领域，如环境污染导致人体健康损害的致病机理、暴露途径、暴露生物标识物确定，有害污染物的健康危害评价指标和分析测试技术，以及环境健康风险评价等方面研究明显不足。

# 5. 环境与健康工作如何依法推进?

我国环境与健康工作基础薄弱、时间紧、任务重、群众期望值高，应根据《环境保护法》做好顶层设计，制订计划和工作方案，逐步向纵深推进。

推动环境与健康风险管理纳入法治轨道。现阶段可考虑以环境保护部部门规章形式发布环境与健康工作管理办法，推动环境污染健康损害鉴定、环境健康风险评估等法律法规文件的制定。

统筹规划中长期国家环境与健康工作。定期编制《国家环境与健康行动计划》，并对完成情况进行评估；继续做好环境与健康工作顶层设计和任务部署。

高度重视环境与健康基础信息的获取。以防范健康风险为目的，逐步建立环境与健康风险监测体系，不断筛选监测项目；合理设置监测点，逐步将环境健康监测常规化，并对各类相关数据进行整合与加工，形成具有价值的信息资源，支持环境健康风险管理和决策过程。

进一步加强环境与健康基础科研。以环境健康风险防控为核心开展研究，通过研究重金属、持久性有机污染物、新型化学物质、核与辐射、噪声、$PM_{2.5}$等环境因素对健康影响机理机制，逐步建立国家环境健康基准体系；通过开展特征污染物筛选方法、环境健康风险评估程序等研究，加快编制出台风险评价、处置和预警等技术指南或规范。

强化环保工作者责任意识，提高公众认知水平。注重培养环保工作者的环境健康风险管理意识，帮助排污企业走清洁生产之路；逐步推行监督和绩效考评制度；提高公众环境与健康风险意识，提升公民环境与健康素养。

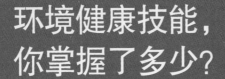

# 环境健康技能，
# 你掌握了多少?

## 编者的话

　　当前，环境污染已成为影响我国经济社会可持续发展和公众健康的一个重要因素，引起社会各界普遍关注。解决环境与健康问题，需要国家和社会各界共同努力。依靠公众的力量来保护环境、维护健康，是最具普惠性、最符合成本效益原则的措施。为此，环境保护部编制并发布了《中国公民环境与健康素养（试行）》及其释义，旨在传播环境与健康基本知识，指导公众运用这些知识对常见的环境与健康问题做出正确判断，树立科学观念并具备采取行动保护环境、维护自身健康的能力。

## 6. 生活中面临哪些环境与健康问题?

　　受经济发展水平影响，环境与健康问题有传统与现代之分。传统环境和健康问题与贫困和发展不足、基本生活资源短缺有关，现代环境与健康问题与忽视可持续发展、不注重环境保护有关。

近百年来，全世界已发生多起环境污染造成的严重健康危害事件，例如英国伦敦烟雾事件、美国洛杉矶光化学烟雾事件、日本水俣病事件、日本痛痛病事件等，均造成了巨大的生命财产损失。

在我国，环境污染已成为不容忽视的健康危险因素。无论在城市还是农村，与环境污染相关的呼吸系统疾病、心脑血管疾病和出生缺陷等问题日益凸显。

空气污染会对呼吸系统、心血管系统等产生重要影响。一个成年人通常每天呼吸2万多次，需吸入10～15立方米的空气。当空气污染物浓度过高时，人体会由于短期内大量吸入而产生急性健康危害。长期暴露于空气污染中，会诱发各种慢性呼吸道疾病、心血管疾病等。

在水环境污染方面，国内研究显示，个别流域地区水污染与附近地区居民消化道疾病高发存在相关关系。

土壤污染会导致土壤环境正常功能的失调和土壤质量的下降，并对水体、大气、生物和人体健康造成直接影响或潜在影

响。我国个别地区土壤污染较重，耕地土壤环境质量堪忧，工矿业废弃地土壤环境问题突出，对农产品质量安全和人体健康构成了一定威胁。

# 7. 环境与健康安全存在"零风险"吗？

通常，风险与收益相对应。以化学物质为例，如果它们被误用或使用时不够谨慎小心，则可能带来危险。但是，人们又离不开它们，在很多方面给我们的日常生活和生产活动带来便利。因此，我们需要接受化学物质应用所带来的一定风险。

能否做到环境与健康绝对无风险呢？绝对安全的"零风险"在任何情况下都是不可能实现的。人们生活在一个由不同物质构成的复杂世界，并且从事各种社会活动，不可避免地会产生污染物质等有害因素。存在有害因素就会存在风险，所以环境与健康安全的"零风险"是做不到的，因为不可能将环境中的污染物或有害因素完全消除。

因此，人们应该做的是通过各种手段减少环境中有害物质的含量，尽量将风险控制在相对安全的范围内，使之对健康的影响处于可接受水平。环境质量标准、环境卫生标准就是为了保障人体健康而制定的。在一定的技术、经济条件下，这些标准对污染物或有害因素容许含量等的限制性规定，可保障人体健康的相对安全。

# 8. 应对突发事件，需掌握哪些防护知识？

发生环境与健康事件时，应按政府有关部门的指导应对。安全生产事故、交通事故、企业违法排污行为等导致的有毒有害物质污染，是环境污染导致健康损害事件中常见原因。

当发生污染危害自身健康时，不要惊慌失措，不要传播谣言，更不要围观现场，应及时向当地有关部门和医疗急救中心报告，并按照有关单位的指令采取防护措施或应急行动。例如，不同有毒有害气体泄漏时，其自救与逃生的方法有很大差异，应听从政府或应急部门的指挥，选择正确的逃生方法，快速撤离现场。

主动拨打"12369"热线投诉。当身边发生环境污染事件或者对自己健康产生危害的环境污染行为时，应主动拨打"12369"环保热线投诉。一是快，发现事件后快速拨打电话。二是准，对所报告事件应客观描述。三是讲清楚事发的具体地点、时间、举报人姓名及联系方法等，这有利于工作人员迅速到现场进行检查，也便于有关部门及时回复处理结果。

能识别常见的危险标识及环境保护警告图形标志。为保护自身安全，要学会识别常见的危险标识，远离危险物。主要包括会识别当心剧毒、当心电离辐射、当心有害气体中毒等常见的安全警告标志；会识别污水排放口、废气排放口、噪声排放源、一般固体废物和危险废物贮存（处置）场的环境保护警告图形标志等。

危险废物

噪声排放源

废气排放口

污水排放口

当心有毒
气体中毒

当心剧毒

当心电离辐射

一般固体废物

关注并通过多途径获取环境质量信息。例如，可通过电视台环境质量信息播报、环境保护部门或环境监测机构官方网站等途径了解所在地区的空气、水等环境质量信息。不要盲目相信小报、传单、短信、网络等传播的与环境质量相关的恐慌性信息，由政府机关、国家或地区权威媒体等披露的信息一般是可靠的。

# 9. 如何预防和减轻环境污染带来的健康危害？

造成环境与健康问题的原因有很多方面，其中包括人们的一些不良生活习惯和行为方式。通过增强自我保护意识，养成良好的生活习惯和行为方式，减少接触、降低暴露，可减轻或消除健康危害。

雾霾天应尽量减少户外活动。细颗粒物（$PM_{2.5}$）是形成雾霾天的罪魁祸首。细颗粒物的化学成分复杂，除影响空气能见度外，对人体的呼吸系统、心血管系统等也会造成影响。因此，雾霾天不宜在室外锻炼、活动，应尽量减少户外停留时间。

关注室内空气污染，注意通风换气。使用煤炭及木柴、动物粪便、农作物秸秆等燃料进行烹饪、取暖时，会产生大量对健康有害的污染物；吸烟所产生的烟雾也是室内空气污染的重要来源；装饰装修材料、家具等可能散发有毒有害物质。同时，现代建筑普遍密闭性增强，新风量减少，也加剧了室内空气污染的程度。开窗通风是改善室内空气质量的最简单方法。

安全的饮水是保证人体健康的基本条件。安全的饮水至少应满足水质合格、水量适当、容易获取等基本要求，其中饮水质量的好坏直接影响着人们的健康。根据世界卫生组织的解释，所谓安全，是指终生饮用而不会对健康产生危害。其中的终生饮用，是以人均寿命 70 岁为基数，依每天每人两升水的摄入量而计算。

保持环境卫生，减少疾病发生。保持环境卫生，减少寄生虫、病菌等的滋生，切断它们跟人的接触途径，可以减少疾病的发生。

注意防范工作和生活中有毒有害物的污染及健康危害。凡涉及有毒有害物质工作的人群，都应按照职业卫生防护的要求加强个人防护。例如，坚持使用过滤式防尘、防烟口罩，穿工作服，饭前洗手，严禁在车间内进食，注意防止把作业场所中的污染物带回家等。

# 10. 链接：何为易感人群?

不同人群对环境中有害因素的反应存在差异，通常把对环境中有害因素反应更为敏感和强烈的人群称为易感人群。一般情况下，老人、孕妇和儿童对环境中的有害因素更敏感，这主要与他们自身免疫特征、生理特征和体质特征等有关。

与普通人群相比，易感人群会在更低的暴露剂量下出现有害效应，或者在相同环境因素变化条件下，易感人群中出现某种不良效应的反应率明显增高。

需要强调的是，年龄、健康状况、营养状况、生活习惯、暴露史、心理状态、保护性措施等因素，都会影响人群的易感性。对每个个体来说，影响易感性的因素并不是一成不变的，尤其是不良生活习会导致易感性增高。

# 确定监测项目
# 依需要还是依能力？

## 编者的话

　　当前，环境与健康问题引起了国家高度重视，初步建立起环境与健康管理体制，各项工作机制也逐步得到完善。其中，环境与健康监测是整项工作的起点，是发现健康风险的基础。

　　然而，有人认为，我国目前环境监测主要是针对化学需氧量、氨氮等常规因子，一些具有明显健康影响的非常规污染物监测信息相对缺乏，监测布点也多是满足污染源监控和环境质量评估的需要，未能针对人群分布特征，从满足环境健康需要的角度开展综合监测。真的如此吗？其实，我国监测项目都是在一定程度上根据对人体健康和环境影响而制定的。

## 11. 现行环境监测指标考虑人体健康了吗？

　　现在大多数环境监测项目都是根据对人体健康和环境的影响来制定的。比如，PM$_{2.5}$、苯并[a]芘、挥发性有机物、二氧化硫、二氧化氮、铅、一氧化氮等，纳入监测范围的项目都与人体健康有直接关系。日本四日市曾发生过哮喘事件，就是由二氧化硫污染引发的。过去，在日本还曾发生过儿童做操时晕倒，后来研究发现跟氮氧化物污染有关。我国把这两项指标纳入常规监测范围，正是借鉴了国外经验，是考虑到人体健康的。

为保护环境，保障人体健康，规范环境空气质量监测工作，环境保护部批准了《环境空气颗粒物（$PM_{10}$ 和 $PM_{2.5}$）连续自动监测系统技术要求及检测方法》（HJ 653—2013）、《环境空气气态污染物（$SO_2$、$NO_2$、$O_3$、CO）连续自动监测系统技术要求及检测方法》（HJ 654—2013）、《环境空气颗粒物（$PM_{10}$ 和 $PM_{2.5}$）采样器技术要求及检测方法》（HJ 93—2013）等 6 项标准为国家环境保护标准。

另外，环境保护部在《环境空气质量标准》（GB 3095—2012）中增加了臭氧（$O_3$）和细颗粒物（$PM_{2.5}$）两项污染物监测指标，就是为了更好地为公众提供健康指引。

# 12. 确定监测指标优先考虑哪些项目？

目前，大气、水等环境监测中不可能所有项目都监测，因为其中包含几百项甚至上千项指标，而目前的监测能力无法达到，成本过高，而且人员和技术也无法满足。

各国在制定环境监测指标时，会优先考虑量大、面广、影响大的污染物，我国也是如此。比如，我国的能源结构以煤和石油为主，烧煤、燃油会产生大量二氧化硫、氮氧化物和颗粒物等污染物，这在全国各地普遍存在，具有共同性，对人体健康的影响也普遍存在，所以会优先考虑把这些污染物纳入常规监测。

除了成本和人员问题外，制约我国监测范围和能力的，还有技术和设备方面的因素。监测的项目多，需要的仪器设备就多，其中有些设备、技术严重依赖进口，成本自然就高。而有些污染物，因在环境中的浓度很低，对人体健康产生的危害不大，并非一定要进行监测。在目前的条件下，还是要分清轻重缓急，应把政府和公众关心、又对改善空气质量和人体健康有直接关系的污染物和理化指标，作为优先监测、优先控制的项目来考虑。

另外，污染物对健康的危害程度，要以暴露量的多少为条件。像二噁英，虽然是毒性很大的污染物，但在环境中量很少，所以它的风险并不是很大。只是某个局部有污染源时才会很高，是局地而不是很普遍的污染物，所以目前未将其作为常规监测项目。

再如重金属铅，环境中无处不在，铅污染会引起血铅超标。如果人体血液中铅含量达到每升 200 微克，就会引发铅中毒；如果人体血液含铅浓度为每升 100 微克以下，甚至只有十几微克，那对人体健康的影响就相对不会太大。所以环境中污染物对人体健康危害程度，与浓度和剂量有关系。

# 13. 现行监测能否识别环境健康风险?

环境监测事关人民群众切身安全和利益，能够及时发现环境污染导致的健康危害问题，为环境健康风险管理提供重要的技术支持。此外，环境监测揭示人与环境相互影响的规律，是环境科学的基础。一些新的研究领域，如环境与健康风险评估、损害鉴定与赔偿等都和环境监测密切相关。

2007 年 11 月发布的《国家环境与健康行动计划（2007—2015）》要求，制定统一的国家监测方案和监测规范，充分利用现有各部门相关监测网络、监测工作和监测力量，不断充实和优化监测内容，逐步建立和完善包括环境质量监测与健康影响监测的国家环境与健康监测网络。

目前，环保部门已初步构建了以常规检测、自动监测为基础、遥感监测为辅助的天地一体式国家环境监测网络，包括覆盖 338 个地级及以上城市的 1400 多个监测点位国家环境空气监测网；覆盖 423 条河流和 62 座湖泊（水库）的 900 多个断面（点位）组成的国家地表水环境监测网；覆盖 309 个地级及以上城市 800 多个集中式饮用水水源地的水环境监测网等，其监测数据均在相关网站发布。

我国以淮河流域环境与健康工作为契机，开展了环境与健康综合监测试点工作，初步建立了这一流域环境与健康综合监测体系，并且在环境保护部的组织下，每年都会编制环境与健康综合监测实施方案。

但同时，不得不承认我国现行环境监测还存在诸多问题，特别是环境与健康综合监测体系尚未建立，环境监测和疾病监测系统独立建设，在监测点位和监测指标设置上尚不匹配，也缺乏统一调查方法和技术规范，监测数据不能共享。环境与健康监测的目的在于在环境污染致害前识别健康风险，但现行监测机制尚不能动态识别环境健康风险，无法满足环境与健康动态监管需要。

# 14. 如何建立健全环境健康监测？

我国环境监测主要包括三种：常规监测、污染调查监测和科学研究监测。常规监测又称为监视性监测和例行监测，是对指定的有关项目进行定期、长时间的监测，以确定环境质量和污染源状况，评价控制措施的效果，衡量环境标准实施情况和环境保护工作的进展。常规监测又包括环境质量监测和污染源的监督监测。比如，根据《环境空气质量标准》(GB 3095—2012)，常规监测包括二氧化硫、二氧化氮、可吸入颗粒物、一氧化碳、臭氧和细颗粒物等指标。

污染调查监测主要是为了摸清污染状况，比如做有机氯的污染现状调查，通过监测看它达到什么水平，然后评估对人体健康有多大风险，为政府管理部门治理和公众健康防护提供参考。污染调查监测更多的是积累数据和资料，了解现状，摸清家底。

还有就是为了科学研究而进行的监测。如挥发性有机物对 $PM_{2.5}$ 的贡献有多大，都包含哪些化合物，转化机理是什么？要把这些问题搞清楚，需要做调查研究，其前提就是要进行监测，掌握基础资料。

有些污染物控制还没有达到发布标准的程度，需要先把家底摸清，进一步认识这种污染物的分布、危害、来源等，为今后解决污染积累资料，这种监测现在也比较多。

目前，我国环境与健康监测网络还没有完全建立起来，应该从国家层面着手建设，多部门联合协作，仅靠某一个部门无法做到。

环保部门可以利用现有的环境监测系统，加强与卫生部门，尤其是疾病预防和控制部门以及医院等的合作。卫生部门主要侧重于疾病的统计，因此掌握着健康效应的大量数据，包括病种、门诊、住院人数、死亡人数等数据，对于不同的污染气象条件，这些数据是不一样的。同时，卫生部门对污染物毒理毒性实验研究更有优势，如果把环保部门监测的数据与卫生部门统计的数据对应起来，就可以找出其中的关联性。另外，环保部门还应与高校、科研院所共同合作，实现优势互补。

# 健康风险与
# 暴露直接相关？

## 编者的话

　　环境污染对健康的影响不仅与污染物浓度等有关，还与人的环境暴露行为模式密切相关。2014年3月，环境保护部向社会发布了中国人群环境暴露行为模式研究成果，编制了《中国人群暴露参数手册（成人卷）》填补了我国在这一研究领域的空白，系统反映了我国人群环境暴露行为特点。

　　暴露参数是开展环境健康风险坪价的重要依据，我国在相关研究中主要引用国外的参数资料，由于人种和地区等的差异，可能会给健康风险评估结果造成较大误差，从而影响环境风险管理和风险决策的有效性和科学性，此次暴露参数调查很大程度上弥补了我国在这方面的空白。

## 15. 健康损害与环境暴露有何关联？

　　环境污染造成健康危害的大小与暴露程度有关。环境污染特别是化学物质污染造成的健康危害，一般都是通过接触含有这些物质的空气、水、土壤、食物等介质而发生的，这种接触一般称为暴露。

暴露是环境污染造成健康危害的决定因素。不管污染物的毒性有多大，没有暴露，就不会造成健康影响。一般情况下，暴露量越大，产生的健康效应也越明显。

暴露的途径、强度和时间与健康效应的产生密切相关。污染程度轻、接触时间短，一般不会造成健康危害。长期接触低浓度的某些污染物，可能会造成慢性健康危害或远期健康危害。

# 16. 环境暴露行为模式研究有何意义?

环境暴露行为模式主要指人与环境介质或风险因素接触的方式和特征，包括与环境介质相关的暴露行为（暴露参数）、与污染源相关的暴露行为以及与环境健康风险相关的暴露防范行为。

由于我国基础调查不足和基础数据缺乏，居民暴露于环境污染的空间分布、健康损害程度和趋势演变等情况底数不清，不但给识别主要环境危险因子、提出有效应对措施带来困难，而且也难以开展环境健康风险评价，及时调整相关政策并提出针对性治理措施。中国人群环境暴露行为模式研究弥补了这方面的空白。

当前，美国、韩国等发达国家都已发布暴露参数手册，在提高人群暴露评价和健康风险评价的准确性方面发挥了重要作用，成为政府机构人员、科研工作者和技术人员必备的工具及引用依据。

以前，我国在环境健康风险评价中往往参考欧美等国家的暴露参数。然而，由于人种、生活习惯等的不同，国外的暴露参数不能较好地代表我国居民的暴露特征和行为，这可能给健康风险评价结果造成较大的误差，从而影响环境风险管理和风险决策的有效性和科学性。因此，健康风险评价需要有我们自己的数据，这样评价才会更准确。

鉴于此，环境保护部组织开展环境暴露行为模式调查研究工作，以便更好地了解我国人群环境暴露行为模式特点，分析相关的影响因素，并建立暴露参数的数据库，从而为提高环境健康风险评价准确性提供科学依据，以便制定更加切合我国实际的环境质量标准等。

# 17. 我国人群暴露模式与国外有什么不同？

美国环保局（EPA）早在 20 世纪末就开展了人群暴露行为模式研究，发布了暴露参数手册并定期更新。韩国、日本、加拿大等国家也于近年陆续发布了本国的暴露参数手册。由于种族、社会经济条件和生活习惯等方面的原因，我国人群的暴露行为模式特征与国外具有较大差异。调查研究结果表明，中国人群环境暴露行为模式与美国的差异主要体现在水暴露方面，其中饮水综合暴露系数、水经皮肤综合暴露系数分别是美国的2.4倍和40%；与日本和韩国的差异主要是空气暴露方面，其中室外空气综合暴露系数是韩国的3.3倍、日本的2.7倍。

　　那么，中外人群暴露行为模式的差异，说明了什么问题？对环境管理有何启示？

　　以饮水为例，我国居民的饮水综合暴露系数是美国的2.4倍，这说明什么问题？饮水综合暴露系数是综合反映居民与饮水暴露特征的系数，指居民单位体重的日均饮水量，此处的水仅指通过饮用水源或自来水管网所摄取的白水，不包括商品性的水，如啤酒、饮料、矿泉水等。中美居民饮水综合暴露系数的差异主要是由于自身身体特征和生活习惯差异决定的。我国居民平均每人每天单位体重的白水饮用量为31毫升，美国为13毫升，由此计算所得我国居民的饮水综合暴露系数要高于美国，是美国居民的2.4倍。这说明，假设在饮用水中污染物浓度相同的情形下，我国居民通过饮水暴露的健康风险是美国居民的2.4倍。另外也预示着，若要达到相同的健康风险水平，我国需要设置比美国更加严格的饮用水标准。

# 18.暴露参数如何应用？

　　环境暴露行为模式的信息是环境健康风险评价的基础。环境健康风险评价可在已知污染物浓度的情况下，结合污染物毒性和人群暴露行为模式数据，来预测人群暴露于这一污染物的风险，是明确污染控制优先次序和设定环境质量基准值的主要方法和工具，在化学品风险管理、环境影响评价等环境管理过程中发挥着重要的作用。

比如，我们要评价空气中苯吸入的健康风险，除了需要知道环境中苯的浓度外，还需要知道居民每天在室外及室内的暴露时间、单位时间的空气吸入量等信息。知道了这些信息，才能精确估计居民吸入苯的量，进而做出相应的健康风险评估。

暴露参数在环境基准中的应用。环境基准根据保护对象可分为：以保护人体健康为目标的环境基准和以保护生态安全为目标的环境基准。以保护人体健康为目标的环境基准常用环境健康风险评价的方法来推导，即根据可接受的风险水平、污染物的毒性和人群的暴露特征，推导得到该介质中某污染物的基准值。在此过程中，污染物毒性可参考有关权威机构发布的数据库，风险水平可以根据控制需求设定，而最关键的数据就是不同人群与环境介质相关的暴露特征，即暴露参数的信息。

暴露参数在环境影响评价中发挥作用。当前我国的环境影响评价中尚未纳入定量的健康影响评价，评价方法和技术储备不足是主要原因之一。我国人群环境暴露行为模式调查形成的暴露参数数据，可为环境影响评价中环境健康风险评价的实施奠定良好的数据基础，推动环境影响评价中健康影响评价的纳入进程。

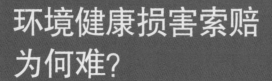

# 环境健康损害索赔
# 为何难?

**编者的话**

　　环境污染导致人体健康损害的赔偿,最重要的是要证明污染与健康损害之间存在直接因果关系。当环境污染导致健康损害问题出现时,及时开展环境健康损害鉴定评估,为健康损害认定提供科学依据,是进行合理补偿或赔偿、避免环境纠纷的关键。

　　目前,国外已逐步形成了比较完善的环境健康损害受理、鉴定评估和判定工作程序,以及损害补偿机制、法律和标准体系。而在我国,法律法规不健全、判定标准和技术规范不完善、鉴定评估机构缺乏且能力不足,是当前环境健康损害鉴定评估工作面临的主要难题。

## 19. 环境健康损害因果关系能确定吗?

　　从研究来看,从环境污染到产生健康效应,呈现的是一种复杂的不确定性。因为环境污染影响健康往往是多源头排放、

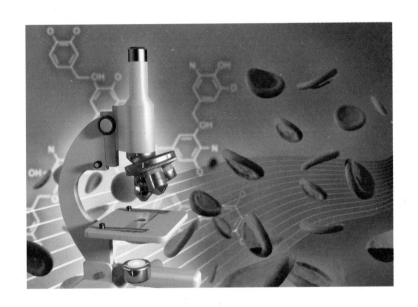

多介质污染、多途径暴露和多受体危害。环境健康问题往往是一因多果或者是一果多因，因此，诸如污染物排放主体有哪些，多个污染排放主体中谁的作用最大等问题，在很多时候很难说清楚。

另外，环境污染导致人群健康损害还具有低剂量、长期作用、健康危害效应显现滞后等特点，所以环境健康问题往往具有非常强的隐蔽性，一旦被发现，往往是已经给人群造成了较大的健康危害，经常表现为受影响人群范围大（一个村镇，甚至是一个流域）、后果严重，而追究致病原因往往是历史造成的，在因果关系认定以及追责等各个方面都存在很大的局限性。

由于污染与健康损害之间的因果关系认定极为困难和复杂，在现代环境侵权诉讼中，各国一般倾向于采用因果关系推定原则。在这一点上有突破性发展的当首推日本，日本著名的四大环境公害案件审判便运用了因果关系推定的原则。此外，日本还在1970年颁布的《关于危害人体健康公害犯罪处罚法》中明文规定了因果关系推定原则。因果关系推定原则的基本内容是指，如果排污单位排放了足以导致人体健康损害和其他物质损害，而且在所排污范围内发生这种危害和损害，如无相反证据予以排除，则推定这种危害系由排污单位所致。这一原则的运用，更有利于加大对环境受害人的保护。

# 20. 健康损害为何难获合理赔偿？

环境健康损害鉴定评估作为司法途径或行政调解解决环境纠纷的必要环节和有效手段，是环境健康损害赔偿或补偿得以实现的关键因素。但由于环境健康损害具有复杂性和多样性的特点，赔偿标准又具有高度的敏感性，这些都给损害原因、性质、大小、程度及影响范围的认定带来很大难度。

总体来看，我国非常重视环境健康工作，但鉴定评估工作基础目前还比较薄弱，尚处于起步阶段。我国环保和卫生等部门先后就鉴定评估的制度、判定标准和技术规范等开展基础研究，形成一系列判定标准和技术规范征求意见稿等成果。还组织开展了淮河流域癌症综合防治项目、全国重点地区环境与健康专项调查等。2013年，一些地区启动了雾霾健康影响监测工作。

但与日本、欧美等发达国家相比，我国环境健康损害鉴定评估工作仍然相当滞后，最突出的表现就是，没有专门的环境健康损害鉴定机构，缺乏鉴定评估与赔偿实践等。我国近年来发生的多起环境污染引发的人体健康损害事件，真正开展环境健康损害鉴定评估，并基于鉴定评估结果进行赔偿或补偿的案例较少。在已获得赔偿的案例中，存在重财产轻人身、人身损害赔偿不到位或赔偿不及时等诸多问题。

目前，在环保领域，环境保护部环境规划院成立了"环境风险与损害鉴定评估研究中心"，中国环境监测总站和中国环境科学学会分别成立了"环境污染损害鉴定技术中心"和"环境损害评估中心"。此外，少数地方机构也申请了环境损害鉴定评估相关的司法鉴定资质。但这些机构目前主要集中于环境污染所致生态环境损害的鉴定评估。

而传统的法医临床与法医毒物鉴定，不能有效应对污染物长期低浓度暴露或短期高浓度暴露所致人体健康损害的鉴定问题。在司法实践中，环境健康损害赔偿的诉求往往因缺乏依据而不能够被受理，受害者往往得不到足额的赔偿或补偿。

# 21. 损害鉴定评估的主要难点是什么?

目前，国外已逐步形成了比较完善的环境健康损害受理、鉴定评估和判定工作程序，以及较为合理的损害补偿机制、法律和标准体系。而在我国，法律法规不健全、判定标准和技术

规范不完善、鉴定评估机构缺乏且能力不足，是当前环境健康损害鉴定评估工作面临的主要难题。

虽然我国的环境保护法律法规中都不同程度地体现了保护人体健康的原则和理念，但对环境健康损害赔偿只是作出了原则性的规定，缺乏对鉴定评估的依据、标准、程序和管理，以及赔偿资金来源等方面可操作性的规定。

完善的鉴定评估制度体系应以环境健康损害赔偿法律为核心，并辅之以环境健康监测评价体系、环境健康损害评估体系和环境健康损害赔偿的资金机制等政策体系。然而，目前我国环境健康损害鉴定评估和赔偿制度建设仍处于研究和设计阶段，尚未形成成熟的架构及管理思路。同时，环保部门和卫生部门虽然建立了工作协作机制，但部门职责分工尚不清晰。

另外，相关判定标准也极其缺乏，仅制定了《环境镉污染健康危害区判定标准》、《水体污染慢性甲基汞中毒诊断标准与处理原则》等几项标准，尚未发布任何针对环境健康损害鉴定评估的技术规范。判定标准和技术规范是确保环境健康损害鉴定评估工作质量及其评估结论合法性的基础，因此，亟须建立并明确环境健康损害鉴定评估的原则、程序、内容、技术方法和基本要求。而专业鉴定机构和资质管理缺乏也是目前亟待解决的难题，已严重影响了环境健康损害鉴定评估结论的合法性及其在司法实践中的应用。

# 22. 如何建立健全环境健康损害赔偿制度？

建立健全环境健康损害赔偿制度，最终目标是通过强化政府的公共服务，维护社会公众的环境与健康权益，预防、控制和救助环境污染对健康的损害。应从立法、科研、管理、资金等方面做好储备，以有效应对环境健康风险管理的挑战。

建立和完善法律法规和政策体系。目前，我国环境与健康领域不仅没有专门的法律法规，现行的环保、卫生等部门的规章中，也对环境健康工作的需求考虑不够。因此，在民事法律或专门的环境保护法中应明确环境健康损害的内涵与外延，将潜在健康威胁与精神损害纳入赔偿范围并对费用承担、赔偿金来源与管理做出规定；在民事诉讼法中对环境健康损害举证责任、因果关系认定等做出原则性规定；在部门行政法规中明确相关部门与机构的职责，为鉴定评估与后续赔偿工作提供明确法律依据。

建立分工明确的鉴定评估管理体制和协调机制。在司法部与环境保护部拟联合构建的环境损害司法鉴定体系下，应将健康损害司法鉴定作为一个单独类别设定。同时，研究出台相关鉴定评估技术规范与标准。比如，尽快出台铅、砷、镉、铬和汞污染群体和个体健康损害的判定标准，建立健全技术规范体系，明确评估的原则和程序，研究出台赔偿或补偿标准和指标体系。

建立完善的环境污染健康损害诉讼、法律援助和听证制度。明确污染企业、各级政府的职责，探索与环境公益诉讼制度相结合的环境污染健康损害诉讼制度。另外，政府还应建立专门的信息渠道，听取和接受公众对环境污染造成健康损害的反馈信息。同时，在重大项目、涉及健康影响的项目启动前，应开展完善的环境对健康影响内容的听证工作。

建立完善环境健康损害的赔偿机制。这也是建立健全我国环境健康损害鉴定评估制度所不可缺少的一个重要组成部分。需要从建立赔偿的资金保障和社会分担机制入手，针对不同类型的健康问题，综合采用强制责任保险、政府或信托基金、企业基金等不同方式，利用财政与社会资金、环境税费与罚款、责任方赔偿金等多种资金渠道，保障未来公众在遭受环境健康威胁或损害时得到有效救济或赔偿。

# 23. 链接：日本有哪些可借鉴经验？

在环境污染健康损害鉴定评估方面，日本有较好的经验可供借鉴。

（1）立法先行。日本于1967年公布并施行了《公害对策基本法》，为构建公害健康行政救济法律体系指明了方向。此后，又相继公布了《公害健康损害救济特别措施法》、《公害健康损害赔偿法》和《公害健康损害赔偿和预防法》。其立法理念经历了从事后赔偿向事前预防的积极转变，赔偿范围也从最初仅涵盖医疗费用，扩展到了包括人员安置费用（如丧葬费、抚育费等）和公害保健福利费（如针灸、温泉等），确立了公害健康损害赔偿制度，实现了公害健康损害行政救济的目的。

（2）明确部门职责。日本政府通过较完备的法律体系与部门管理办法，规定了环境污染事件相关部门职责，为行政救济制度的实施提供了保障。在中央层面，日本的环境省、经济产业省、厚生劳动省分工明确，各司其职；中央与地方职责分明。另外，日本还成立了专门机构负责公害认定与补偿金管理。

（3）简化判定原则与程序。在水俣病事件诉讼初期，化工企业曾要求受害方切实证明有机汞是由工厂排出的。对于化工企业的要求，法院予以了否决。此后，日本政府声明，诉讼中受害患者无须证明疾病是由有机汞引起的。这就解决了受害者对于健康损害因果关系证明和诉讼举证难的问题。

（4）确立共同责任原则。以日本四日市哮喘事件为例，当时议论的热点就是是否每一位患者的疾病都是由发电厂、工厂等排放的废气所致，而且排放废气的企业有很多，如何确定企业该承担责任也是一个难题。很多国家处理这类环境污染健康损害赔偿的时候，都采取共同责任原则。通过技术手段能够建立起准确联系的，依照结果进行责任分配；如果不能确定准确关联性的，那么所涉及的责任方都要承担相关责任。

（5）明确赔偿机制与资金来源。日本政府并没有对排污企业处罚关停了事，而是让污染企业在积极治理的前提下继续生产，让企业能够有更多资金来对受害人进行健康损害的赔付。从现实效果看，这种做法比单纯地关停、罚款更能让公众的权益获得保护。

# 突发饮用水污染，
# 如何应对？

## 编者的话

　　山东"鲁抗医药"偷排含抗生素的废水，兰州自来水苯超标事件，多地自来水异味事件，内蒙古赤峰市雨水淹没致使水源井中大肠菌群、菌落总数严重超标，哈尔滨山河镇自来水污染引起数十儿童呕吐腹泻……近年来，全国多地都曾发生过饮用水污染事件。

　　水是生命之源，饮用水质量直接关系着百姓的健康，应像抓大气污染防治一样狠抓水污染防治，力求通过实行最严格的源头保护制度、损害赔偿制度、责任追究制度、生态修复制度等，来保护水生态环境。

## 24. 饮用水被污染有哪些途径？

　　生活饮用水受到人类活动或自然因素的影响，使水的毒理学指标、细菌学指标、放射性指标等发生改变，超过国家标准的限值，就可能会导致对人体健康产生危害。

发生生活饮用水污染有三大主要途径：

一是水源污染，主要是有毒有害的废水或污水直接排放、泄漏，废弃物处理不当及降水、山洪暴发等原因导致水源被污染。

二是制水污染，比如水质净化、消毒工艺不合理或设施不完备，使制得的饮用水不能达到卫生要求；制水设备发生故障，使处理后的水质不能达到卫生要求；制水过程使用的化学处理剂质量低劣，未取得卫生许可批件，污染水质。

三是供水污染，比如二次供水设施的设计和建造不合理，施工原材料、涂料及清洗消毒所使用的器具、药剂等的污染。此外，供水污染中，自来水输送管网污染也不容忽视。中国水利水电科学研究院一项数据显示，目前我国城市供水管网多处于寿命的临界点，部分城市的老城区管网超期运行。不少老城区的自来水管网是铸铁材质，长时间使用后，内壁容易锈蚀、结垢、脱落，导致住户家中的自来水发黄发浑。

# 25. 怎样才能喝上安全水？

自来水从水厂出来再到老百姓家要经过多个环节，水源、制水、输水、储水等各环节都要控制好，只有这样才能够保证饮用水安全。

确保饮用水安全，第一要加强源头保护。饮用水安全必须以水源作为核心，对不同水源的饮用水进行有的放矢的分类管理。政府应加大管理力度，确保监管到位，管理有效；末端治理非常被动，应该提倡清洁生产，从源头减少有毒有害物质的产生。

第二，要加强输水和储水环节管理和防护。虽然从自来水厂出来的水合格，但在管网输送和二次供水的储存过程中仍可能面临二次污染，所以出厂水合格并不代表老百姓家龙头水的合格。

第三，要防止管网的二次污染。比如管网存在漏损点，在正常供水过程中（正压状态下），这些漏损点是往外流水，但如果停水（负压情况下），周围环境及土壤里的脏水就有可能通过这些漏损点进入到管网中，带来二次污染。一些管网的材质存在问题，也会引发二次污染。

第四，城市水源地要多元化。目前，不少城市的饮用水水源较为单一，一旦被污染，就会对群众的生产生活造成很大影响。因此，城市水源地也应考虑多元化布局，尽量降低受影响程度。

第五，落实"最严格"水资源管理措施，解决水源地区域发展和水质保障之间的矛盾，通过采取综合措施，使水资源在使用上不浪费、水质不污染，促进合理利用水资源。

# 26.饮用水被污染，我们怎么应对?

当饮用水被污染，我们该怎么办?

当饮用水（含农村井水）被污染，出现变色、变浑、变味情况时，应立即停止使用，并及时向卫生监督部门或疾病预防控制中心报告，同时告知居委会、物业部门、村委会和周围邻居停止使用。

不慎饮用了被污染的水，应密切关注身体有无不适。如出现异常，应立即到医院就诊。

在接到政府管理部门有关水污染问题被解决的正式通知后，才能恢复使用饮用水或井水。

可以用干净容器留取 3～5 升水，提供给卫生防疫部门进行检验，以便找出污染原因。

农村井水被污染，最好是将原来的井水抽干，清理井壁并撒漂白粉进行消毒，送检合格后方可使用。

预防措施：为保证生活饮用水卫生，防止肠道传染病的发生与流行，应对饮用水进行消毒处理后再饮用；饮水机要定期清洗和消毒；存水用具必须干净，并经常倒空清洗；饮用开水，煮沸是安全有效简便的消毒方法，可有效杀死微生物，提升饮用水的安全品质。

另外，也可以根据个人的需求选择一些适宜的净水器。

# 27. 饮用水中消毒副产物有害吗？

自来水经常能闻到消毒水的味道，这是由于消毒时使用氯造成的。那么，余氯及消毒副产物有害吗？

自来水出厂水的水质要求中有一项很重要的指标，就是要求消毒剂余量要达到一定浓度限值之上，因为只有在这个限值水平上才可能有效地杀灭水中的常见微生物。以液氯消毒为例，自来水出厂水中游离性余氯的浓度要大于 0.3 毫克 / 升，也就是说只有大于这个数值才可能保证原水中常见的微生物得到有效杀灭。而从水厂到老百姓家里这个过程中，水中的游离性余氯浓度也要求保持在 0.05 毫克 / 升以上，这是为了抑制自来水在输送、储存过程中发生二次污染。所以，自来水里消毒水的味道就是这些余氯造成的。

消毒剂本身能够有效地控制微生物的污染，这是很有意义的指标。不仅我国，即使美国等发达国家，在饮用水安全的风险控制上，微生物都是最大的安全隐患。而控制微生物污染目前最有效的手段就是对饮用水进行消毒，液氯消毒目前是我国应用最为广泛的消毒方式，在饮用水的风险管理中发挥着重要的作用。

但是消毒也有弊端，那就是部分消毒剂在使用过程中可能会生成消毒副产物。以液氯消毒为例，如果原水里面含有一些腐殖质或非腐殖质等的前驱物，在加入液氯以后可能会生成代表性的卤代烃、卤乙酸这样的消毒副产物，这早在20世纪70年代就已被证明了。

如果我们在整个生产环节控制得好，比如控制加氯量，再采用一些前处理的方法去除前驱物，就可以把消毒副产物控制在一定浓度范围内。在《生活饮用水卫生标准》(GB 5749—2006)中对主要的消毒副产物有明确的限制要求。在消毒剂的使用过程中既要求保证能够有效杀灭微生物，同时也要求所产生的消毒副产物控制在安全范围之内，《生活饮用水卫生标准》在这两个方面都有明确规定。

# 28. 链接: 净水器能保障健康饮水吗?

近几年，随着各地水污染特别是自来水污染事件的频发和人们健康意识的不断提高，越来越多的家庭选择使用净水器对自来水进行二次净化。目前市场上销售的净水产品名目繁多，有净水机、纯水机、软水机、净水桶、净水壶等。

家用水处理设备主要分为：净水机，选用不同滤芯将水中某些有害物质或微生物去除；纯水机，以反渗透的方式将水中所有其他物质去除，其出水为纯净水，安全性高，但也不会有人体有益的矿物质；软水机，通过离子交换将水中钙、镁离子去除，从而降低水硬度。

与欧美相比，净水产品在我国普及率还很低，整个行业只能算刚刚起步，存在良莠不齐是必然的。家用净水器于20世纪90年代初传入中国虽然经历20余年的推广和发展，国内净水器的普及率仍很低。公开的数据显示，在欧美等发达国家，家用净水器普及率高达90%，而中国家用净水机整体普及率尚不足5%，农村几乎空白。

我国净水产品行业准入门槛低，缺乏国家强制性的统一标准，使整个行业缺乏技术衡量的标准和指引，导致目前家用净水器市场竞争的混乱与无序，严重阻碍了行业的健康发展。

目前，对于净水器所使用的材质、过滤材料以及相关的零部件等，都没有统一的标准，就连净水器的滤芯等关键配件的制造同样缺乏统一标准。四川省保护消费者权益委员会2013年曾对使用性能、净水水质等市场上在售净水器的8项指标进行了对比试验，结果达标率仅为30%。对此，国家相关部门应尽快制定净水器产品的国家强制性标准，并将净水器产品纳入"3C"认证产品目录，实施强制性产品认证。

目前，市场上净水器的宣传五花八门，并存在夸大现象。"技术派"把活性炭、微滤、超滤、反渗透等技术名词作为宣传重点；"水质派"侧重宣传，打出离子活化水、矿化水、小分子团水等概念水；"理疗派"则高调打出美容、祛斑、磁化等招牌。净水器有保健功能是不可能的，只是商家的营销手段。

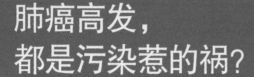

# 肺癌高发，都是污染惹的祸？

## 编者的话

　　严重的空气污染对人体健康造成影响，已成为公共卫生领域的突出问题而受到社会广泛关注，甚至有人把目前我国肺癌高发和死亡率上升，直接归因于当前的雾霾天气。雾霾与肺癌关系如何，需要一个长期的科研调查、采样、跟踪过程。肺癌发生是多因素共同作用的结果，且具有滞后性，以科学的态度说，目前尚不能得出"空气污染直接导致肺癌"的结论。不仅空气污染，吸烟、职业接触及遗传等也都是影响健康的高危因素。

## 29. 肺癌成恶性肿瘤"头号杀手"？

　　全国肿瘤登记中心发布的《2013中国肿瘤登记年报》披露，肺癌发病率最高，已成为我国首位恶性肿瘤死亡原因，年新发病例约60万。肺癌占城市全部恶性肿瘤发病率的20.48%，死亡率的27.05%；占农村恶性肿瘤发病率的18.05%，死亡率的22.42%，发病率和死亡率呈上升趋势。按照国际惯例，年报公布的一般都是 3 ~ 5 年前的资料信息，因而这些数据实际上是从 2010 年全国 145 个肿瘤登记处上报的资料中综合而来。

全国肿瘤防治办公室的数据也显示，目前我国肺癌发病率每年增长 26.9%。对此，有医学专家认为，其实从 20 世纪 90 年代起，我国肺癌发病率和死亡率就一直处于上升趋势；从 1996 年起，肺癌已成为我国肿瘤中的第一位死因，死亡率平均每年上升 4.5% 左右。

北京市卫生局对外发布的监测数据也间接印证了这一说法。数据显示，2010 年肺癌位居北京市户籍人口男性恶性肿瘤发病的第一位，在女性中居第二位，仅次于乳腺癌。2001—2010 年十年间，北京市肺癌发病率增长了 56%，年均增长率为 2.4%。

# 30. 诱发肺癌的首要因素是什么？

肺癌发生是多因素共同作用的结果，但吸烟仍是目前首要诱因。

根据 2013 中国肺癌登记年报，肺癌的高危人群首先是长期吸烟者，另外还包括慢性支气管炎、肺部疾病患者、体内外接受过量放射线照射者以及长期接触煤烟或油烟者、矿工等。

上海曾对居住在不同大气污染程度的市中心、近郊以及远郊的 22 万名成年人按吸烟习惯分组进行追踪研究。结果发现，3 个地区非吸烟者的肺癌死亡率没有明显差异。但大气污染越严重，男性吸烟者的肺癌死亡率越高，提示吸烟与大气污染可能有联合作用，即在大气污染严重的地区，吸烟者患肺癌的风险会更高。

世界卫生组织指出，烟草使用是最重大致癌风险因素，它导致全球22%的癌症死亡，以及全球71%的肺癌死亡。公开资料显示，90%以上的肺癌被认为是由于主动吸烟或被动吸"二手"烟所致，吸烟者患肺癌的概率比不吸烟者高10倍以上，与吸烟者生活在一起，吸二手烟的人群患肺癌的风险则会上升20%～30%。在国际癌症研究机构向欧洲公众提供的防癌建议中，就包括不吸烟、不使用任何烟草制品。

值得注意的是，二手烟暴露没有所谓安全水平，即使短时间暴露也会对人体的健康造成危害。我国成年男性的吸烟率高达50%～60%，这是个非常重大的公共卫生问题。

我国不吸烟人群肺癌发病率和死亡率的上升与空气污染的相关性，要追溯到过去十几年或二十年前的大气污染，而非当前的雾霾，因为肺癌发病需要危险因素的长期累积，"现在的雾霾引发当前肺癌高发"的说法并不准确。

此外，肺癌高发还与家庭燃煤取暖做饭、油烟等因素有直接关系，如云南宣威地区女性肺癌高发就是一个例证。研究发现，这一地区肺癌高死亡率与其家庭燃用烟煤造成的室内空气污染密切相关，燃烟煤农户室内空气中苯并[a]芘浓度严重超标。暴露于苯并[a]芘人群患呼吸系统肿瘤的风险会增高。

除了吸烟和空气污染，诱发肺癌的危险因素还有职业致癌因子、电离辐射、饮食因素、家族遗传等。另外，人口老龄化

也是我国肺癌发病率上升的重要因素。有专家认为，在诱发肺癌的诸多危险因素中，吸烟、空气污染占到22%，肺、支气管病变、职业因素、遗传因素占12%～15%，精神因素、年龄分别占8%和5%。

不过，至今包括肺癌在内的所有肿瘤，其准确的致病原因还不是很清楚。现在给公众的信息，更多的是诱发因素、致癌因素，告诉大家如何规避这些影响，减少发生肿瘤的危险。

# 31.PM$_{2.5}$与肺癌有没有关系？

大气污染物种类繁多，毒性各异，对肺癌的影响也各不相同。目前已知的空气污染物中，威胁最大的当属PM$_{2.5}$。但雾霾与肺癌的关系，需要一个长期的科研调查、采样、跟踪过程，从科学的态度说，目前尚不能得出空气污染直接导致肺癌的结论。

世界卫生组织（WHO）下属的国际癌症研究所（IARC）在2013年10月将大气污染物划为人类一类致癌物。$PM_{2.5}$中的多个成分具有致癌性或促癌性，如多环芳烃中的苯并［a］芘等。实验研究还发现，$PM_{2.5}$的有机提取物和无机提取物也具有致突变和遗传毒性。

与农村人群相比，城市人群的肺癌死亡率较高，显示了$PM_{2.5}$污染是肺癌发生的危险因素之一。$PM_{2.5}$其实是一个载体，铅、汞、镉、砷等毒性重金属，尤其是苯并［a］芘、苯、甲醛等污染物以及病毒细菌等，都会吸附在细颗粒物上，进入到人体血液，对健康产生危害。

另外，短期暴露于高浓度大气污染物，如$PM_{2.5}$、二氧化硫、二氧化氮等，将对人体健康造成不利影响，使呼吸系统疾病和循环系统疾病门诊或急诊就诊人次增加等。

目前我们所得到的雾霾与肺癌的关系绝大多数来自国外。如美国的流行病学研究表明，大气污染与人群肺癌发病／死亡率存在相关性。美国癌症协会主持的一项队列研究，对120万名美国成人进行了长达26年（1982—2008年）的跟踪调查，结果发现$PM_{2.5}$浓度每升高$10\,\mu g/m^3$，人群肺癌死亡率将升高15%，且肺癌死亡风险在慢性肺部疾病患者中更高。

与国外相比，我国目前鲜见设计严格的大气污染与肺癌关系的流行病学研究，大多数研究仅限于大气污染物与肺癌发病／死亡率进行相关／回归分析或简单的比较分析。二者之间是否存在因果关系，还需长期的进一步研究。

# 32. 链接：疾病增多与环境污染有多大关联？

疾病增多与环境污染有一定的关系，但不能都归于污染，生活方式不健康也是引起人类疾病的主要原因，同时遗传因素、医疗因素等也占了很大比重。

美国 Robet 基金会的一份报告显示，影响健康的因素如下图所示。可见，生活方式不健康还是引起人类疾病的主要原因。

不良生活方式引起的健康问题，包括过量摄入脂肪和热量引起肥胖，以及引起"三高"（高血压、高血糖、高血脂），还有抽烟、酗酒引发的健康问题等。过去我国贫穷性疾病和传染性疾病比较多，产妇和新生儿死亡率也比较高。目前，

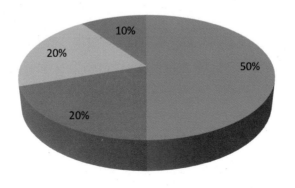

**影响健康因素**

■生活方式 ■环境因素 ■遗传因素 ■医疗因素

10%

20%

50%

20%

贫穷性疾病与美国等发达国家基本持平，但富贵性疾病死亡率却在上升，包括高血压、心脑血管疾病、呼吸系统疾病、癌症、糖尿病等。另外，现代人工作紧张、压力大，也是导致很多疾病发生的重要原因。

环境污染影响健康具有累积效应，暴露时间越长，累积的量就越大。所以，一般老年人受污染影响更容易得病，这跟暴露时间长有关系。另外，婴幼儿对污染敏感，也易受到环境污染的伤害。

那么，在同样的环境里，受到污染影响程度接近，为什么有的人易得病，有的人却不得病？抛开老人、孩子和孕妇等特殊人群来看，这和家族遗传有很大关系。在一项调查中，1000名不吸烟女性肺癌患者中，有20%的直系亲属得过癌症。这表明患肺癌与遗传基因也有密切关系，致癌物进入这些身上有易感基因的人的体内，不易代谢出去，易与人体蛋白质结合，使体内异常细胞增多，易患癌症。没有易感基因的人，吸入致癌物，一部分会随汗液、尿液等排出体外。所以，遗传基因对人体健康也非常重要。

因环境污染直接引起的疾病也有，如有些职业病，包括过量接触放射性物质、粉尘和其他有毒有害物质等引起的疾病，像铅中毒、尘肺、矽肺等。

# PX 真那么可怕?

## 编者的话

从 2007 年的厦门到 2011 年的大连、2012 年的宁波、2013 年的彭州、昆明，再到 2014 年的茂名，PX 这一普通的化工专业名词承载着公众的环境焦虑，不断陷入舆论抨击的旋涡。2014 年，工业和信息化部公开征求《对二甲苯项目建设准入条件》的意见，国家发改委也调整政策，将新建 PX 项目的核准权下放到省级政府，一系列新政，让 PX 产业再次受到关注。

其实在认知误区之外，对 PX 项目的"抵制"更多是公众多年来对工业粗放式发展带来的环境、健康危害的不满，以及由于决策过程的不公开和不透明而产生的不信任，这些值得深刻反思。

## 33. 什么是PX？

PX 是英文 para-xylene 的简写，中文名为 1,4- 二甲苯，又称对二甲苯，以液态存在、无色透明、气味芬芳，属于芳烃

类化学物的一种，主要来自石油炼制过程的中间产品石脑油，经过催化重整或乙烯裂解之后获得重整汽油、裂解汽油，再经芳烃抽提工艺得到混合二甲苯，然后经吸附分离制取，或由甲苯经歧化而成，多为炼油及乙烯装置配套，是石油化工生产中非常普通的化学品之一。PX来自石油制品，可以大规模生产，生产成本相对低廉。

作为基础化工产品，PX已融入人们日常生活的衣食住行之中。如PX是生产聚酯纤维和树脂、涂料、染料及农药的原料，在生产香料、医药、杀虫剂、油墨、黏合剂和染料等领域也都有着广泛的应用。

聚酯纤维是由PX经过多道工序生产而成，也是服装纺织的初始原料。由于天然纤维的供应量受到土地的限制，增长难度大，发展合成纤维替代是解决我国十几亿人穿衣问题的重要途径。2012年全球PX产量约3 400万吨，其中98%左右用于生产聚酯。目前我国合成纤维已占纺织纤维产量的70%，其中用PX生产的涤纶纤维占合成纤维总量的80%以上。也就是说，与生产天然纤维的棉花相比，PX对我国居民穿衣的贡献更大。

PX还可广泛应用于医药行业，比如药物胶囊。矿泉水瓶等包装材料的主要原料也是PX。同时，随着技术的进步，PX的下游产品聚酯，正在越来越多地取代铝、玻璃、陶瓷和纸张，应用于电器电子、汽车及机械制造行业。

虽然我国已成为世界上最具活力的聚酯生产大国，但聚酯上游的原料对二甲苯（PX）的产能发展却长期滞后，自给率长期不足 50%。据中国石油和化工联合会的统计，2013 年，我国 PX 表观消费量为 1 657 万吨，进口量为 905 万吨，对外依存度已经上升至 55%，而 2011 年的进口量则是 498.2 万吨。与此同时，我国 PX 缺口不断扩大，而周边亚洲国家的 PX 生产及建设进入高峰期，并纷纷将我国作为目标市场，进口价格也随之不断上升，2010 年每吨为 1037.9 美元，到 2013 年达到 1520 美元。

# 34.PX 毒性到底有多大？

对于人体健康影响而言，国际上普遍认为，PX 属低毒化学物质。根据《全球化学品统一分类和标签制度》（以下简称GHS）和《危险化学品名录》，PX 属于易燃、低毒性化学物质，其毒性和汽柴油大体在一个级别。在美国、澳大利亚等很多国家，PX 都不属于危险化学品。资料显示，无论是危险标记、健康危害性、毒理学资料，还是在职业灾害防护等标准下，PX 都不属高危高毒产品。在欧盟，PX 也仅被列为有害品，是因为人体在高浓度吸入时，会对眼睛及呼吸系统产生刺激，造成损伤；与皮肤接触会造成皮肤刺激。

GHS 危险性警示词是用来表明化学品危险的相对严重程度，包括"危险"和"警告"，"危险"用于较严重的危险性类别，而"警告"用于较轻的危险性类别，GHS 对 PX 的警示语为危险性较轻的"警告"。

专家认为，是否对人体健康造成伤害，还取决于人体暴露水平，即接触毒物的概率、剂量或浓度，以及接触时间等。

对于环境来说，对二甲苯的主要风险在于运输、贮存过程中出现翻车、泄漏以及火灾等造成意外污染事故。由于 PX 具有可燃性，其蒸汽与空气形成爆炸性混合物，遇明火、高热能等易引起燃烧爆炸。

# 35. 如何加强安全防护措施?

如人体误吸入、食入或经皮肤接触 PX 液体或蒸气时，应针对不同暴露途径采取不同的防护措施。

吸入：将人员从暴露区移到空气新鲜处，保持身体温暖及静止休息，保持呼吸舒适体位，如感觉不适，送医治疗。

皮肤接触：立即将受污染的衣服、首饰、手表等装饰品及鞋子脱掉。用肥皂或中性清洁剂清洗感染处，并用大量水冲洗直至没有化学品残留（至少 15 ~ 20 分钟）。

眼睛接触：立刻用水龙头或洗眼器冲洗眼睛 15 分钟以上，直至没有化学品残留。如需要，送至眼科医生处治疗。

食入：不要让意志不清人员呕吐或喝饮料。若人员意志不清醒，使头部转向一边。立即将患者送医治疗。

# 36. 国外如何运营 PX 项目?

PX 生产装置是一个现代化的生产工艺系统，其物料、流程是密闭的，生产完全由设备监测系统、运行操作系统、安全防范的仪表系统来完成，避免了因人为操作造成的失误，并保证在事故发生前、过程中能及时预测和防范，包括自动关闭、停电等，因此只要是依法建设，这种大型的现代化炼化项目拥有安全保障。

近年来，全球 PX 产能逐步向消费集中地转移，亚洲是 PX 发展最快的地区。

日本是全球最早生产 PX 的国家之一，年产能超过 400 万吨，其 80% 以上的 PX 产品用于出口，特别是中国。为维持运营，生产企业会通过与附近居民良性沟通来确保信息公开透明。这种沟通是常态的，只要涉及附近居民利益，企业都会及时通过网络、书面信函、电话等各种方式告知居民，并会不定期举办工厂参观活动，呼吁附近居民参加，以了解企业的安全措施，并提出要求和建议。

韩国是亚洲最大的 PX 生产国，年产能约为 584 万吨。韩国三星道达尔公司是韩国 3 家最重要的石化企业之一，每年生产 170 万吨 PX。这家企业制定了高于政府规定数倍的安全管理标准，如在电路、水路上均采用双重冗余设置；对有害气体采取强化处理方式；请第三方公司检测排放的气体，使数据更具公信力；每年都要对新老员工进行安全培训和安全演练；对于雷击、海啸等自然灾害都有预案。

新加坡对 PX 项目的上马有一套严格的流程，从项目用地前期评估入手严格防范，通过多个部门联手，引入公众咨询机制，同时也通过标准化安全程序和严格的检查演习等，提高安全事故的防范和应对意识。环保部门可对发展规划集中控制，保证环保的考量渗透到相关设施的土地使用规划、开发过程和建筑物的管控等不同阶段。而工厂运营方必须安装适当的污染处理设施，进行量化风险分析，使 PX 项目潜在风险处于可控的范围内。万一发生事故，则通过提高信息透明度，赢得公众信任。

# 37. 链接：什么是防护距离？

对环境存在污染风险的项目，选址距离的确定通常有 3 种技术方法：安全防护距离、卫生防护距离和大气环境防护距离。

安全防护距离主要是指在发生火灾、爆炸、泄漏的安全事故时，防止和减少对人员伤亡、中毒、邻近装置和财产破坏所需要的最小安全距离；卫生防护距离，主要是指装置或设备无组织排放源，排放污染物的有害影响从车间或工厂的边界至居住区边界的最小距离；大气环境防护距离是指为保护人群健康，减少正常排放条件下大气污染物对居住区的环境影响，在项目厂界以外设置的环境防护距离。

防护距离的主要作用是为无组织排放的污染物提供一段扩

散稀释距离，使其到达居住区最近边界时，有害污染物浓度符合环境空气质量标准等的有关规定限值，不至于影响长期居住区人群的身体健康。

为防范意外发生，石油化工企业应采用技术先进、经济合理、减少污染的清洁生产工艺和设备，加强管理与设备维护，最大限度地减少污染物的无组织排放量。另外，应从源头做到科学规划、合理选址；在生产、储运和使用环节严格管理、按章操作；建立快速高效的应急救援体系。

# 孩子为何易血铅超标?

## 编者的话

2014 年，我国严肃查处生态环境保护、食品安全等领域的失职渎职问题，其中对湖南省衡东县大浦镇 300 多名儿童因环境污染造成血铅超标问题进行督办追责，11 名失职失察责任人被处理。

近年来，儿童血铅超标事件不断发生，如湖南武冈、安徽安庆、陕西凤翔等地相继出现，引起社会高度关注。铅对人体多系统多脏器都有损害，会对儿童的智商产生影响，因此铅已成为日常生活中威胁儿童生长发育和健康的常见危险因素。

## 38. 铅主要来自哪里?

铅在环境中无处不在，主要有工业性来源和生活性来源两大类。据统计，工业性铅污染导致的儿童血铅水平超标大约占到 60%。工业性铅污染主要包括铅矿开采、金属冶炼、蓄电池生产回收、造船和拆船、电缆制造和废旧电子拆解等。

据统计，全球目前铅的年产量大约 1000 万吨，70% 以上用于制造汽车和电瓶车使用的蓄电池；而全球蓄电池 1/3 产自中国，同时产量还在不断增长。蓄电池使用寿命一般只有 2 ～ 3 年，造成了大量的

废弃电池。由于废弃电池回收处置的高利润，使得这一产业发展很快。但目前回收处置大多是家庭作坊式，没有任何环保和卫生措施，有的家庭甚至直接用蓄电池的外壳砌院墙，孩子生活在这样的环境里，血铅水平就会很高。

此外，电子垃圾回收处理也是目前造成铅污染的一个重要来源。前几年在广东汕头、浙江台州等地，电子垃圾回收拆解几乎都是家庭作坊式生产，导致当地环境污染严重。

同时，生活中的铅污染也不容忽视。据统计，生活性铅污染导致的血铅超标儿童大概占到门诊病人的 40%。

生活中的铅污染大多与社会习俗有关。比如，江浙一带有使用锡壶等含铅器皿盛放食物和饮用水的习惯；在江西、福建、浙江、湖南、江苏等省份，有给儿童使用红丹粉（四氧化三铅）、黄丹粉（一氧化铅），以及使用含有宫粉（碱式碳酸铅）的痱子粉护理皮肤的传统习俗，孩子通过手接触铅粉然后经口导致铅中毒，并且这类铅中毒儿童年龄普遍偏小，大多数是婴幼儿。还有部分地区老百姓使用的治疗儿童腹泻、癫痫、皮肤病的偏

方，很多里面都含有铅。

另外，使用一些传统工艺制作食物也会导致其中含铅，如爆米花、皮蛋；做工不好的陶瓷餐具中也会含有铅，甚至含有其他重金属；一些质量较差的绘画颜料或蜡笔等，用后如果不及时洗手也会造成铅暴露。

上海交大医学院曾对 2013 年血铅超标住院患者做过统计，177 名住院患者中因为工业污染导致血铅超标的占到 60%，这其中因铅酸蓄电池生产导致的血铅超标患者占到一半，蓄电池回收占到 10%，金属加工占到 6%，金属冶炼占到 6%，电子垃圾回收处理占到 17%。177 名住院患者中，因生活铅污染导致血铅超标患者占到 40%，其中使用红丹粉和黄丹粉等为婴儿护理皮肤的占到 60% 以上。

# 39. 铅对儿童健康有何伤害？

铅是一种用途广泛而毒性较大的重金属，因儿童肌体对铅的吸收率高而排泄能力弱，所以与成人相比，儿童对铅更敏感。

铅中毒可造成人体多系统、多脏器损害，如损害造血系统引发严重贫血；损害肝脏和肾脏功能；损害消化系统导致严重腹绞痛、便秘、恶心和呕吐；损害神经系统，甚至导致中毒性脑病，出现昏迷和死亡，即使血铅水平很低，也会对儿童的智商产生影响。因此，铅已成为日常生活中威胁儿童生长发育和健康的常见危险因素。

儿童血铅水平与接触铅时的年龄和持续时间长短密切相关。通常认为 0 ～ 6 岁的儿童对铅的毒性高度敏感，以后随着年龄增大，对铅毒性的抵抗力也会增强。孩子越小，对铅的毒性越敏感，接触铅的时间越长，毒性越大，危害就越严重。

值得一提的是，由于铅可通过胎盘进入胎儿体内，或通过乳汁输送给婴儿，因此，怀孕前、怀孕时以及哺乳期接触铅的妇女，可造成胎儿及婴儿铅中毒。

儿童铅中毒可伴有某些非特异性的临床症状，如腹隐痛、贫血、多动等；血铅等于或高于 700 微克 / 升时，可伴有昏迷、惊厥等铅中毒脑病表现。当人体内血铅水平达到 1000 微克 / 升以上时可致死亡，在 500 微克 / 升左右会引起严重贫血；达到 100 微克 / 升时，儿童一般没有症状，叫无症状铅中毒，但对儿童神经系统发育依然有影响，会引起儿童智力下降。

研究表明，即使血铅水平在 50 微克 / 升左右，对于儿童的智力仍有明显影响，会导致儿童注意力不集中和行为异常等问题。有人曾对美国 2 500 万名儿童进行影响智力因素（包括社会因素和环境因素）分析，发现早产是影响智商最主要的外界因素；第二个因素就是铅，第三个是农药污染；排在第四位的是铁，缺铁可导致智力损害。

# 40. 我国儿童血铅水平如何？

研究显示，过去 20 年当中，我国儿童血铅水平总体呈下降趋势，但各个地区之间存在较大差异，这主要跟工业发展及当地污染程度有一定的关系。

例如，北京市的儿童血铅水平，从20世纪90年代超标比例60%，到2010年已降至1.38%；上海市在这个时期超标比例也从40%降到1%，最近两年只有百分之零点几。

上海交大的一个研究小组在我国东部、中部、西部地区各选取5个省，选取90个点共3.6万名0～6岁儿童血铅水平进行摸底调查。初步测出9000例儿童血铅水平，结果显示，所测试儿童平均血铅水平为28微克/升，其中超过50微克/升的人数占3.9%，超过100微克/升的只占0.1%。我国儿童血铅水平总体比较乐观。

对于我国儿童血铅水平在过去二三十年中下降的原因，专家认为，主要是由于停止使用含铅汽油。自20世纪90年代中期开始推广，到2000年在全国范围内完全推广使用无铅汽油，取得了很好的效果。同时，关停并转了一些铅污染严重的企业，加上清洁能源的普及，以及涉铅工业的分散转移；此外，防铅知识得到普及，行为纠正等方面做得比较好，这些都使儿童血铅水平整体下降。

但由于铅酸蓄电池在未来很长一段时间内依然无法替代，并且需求量很大；工业性铅污染向农村及西部地区转移；传统的不良生活习俗根深蒂固；许多涉铅工业规模小，以家庭作坊为主，因此在一些局部地区铅污染问题还非常严重。以涉铅企业为中心的点源铅污染为特征，在未来很长一段时间内依然是我国儿童铅中毒的主要原因之一。

# 41. 儿童血铅标准怎么划分?

20 世纪 80 年代的研究表明,血铅在 100 微克/升左右时,虽然不至于产生明显的临床表现,但可能会对儿童的智力发育、体格生长和听力产生一定损害。因此,美国疾病预防与控制中心 (CDC) 于 1991 年将儿童铅中毒的诊断标准修订为大于等于 100 微克/升。也就是说,只要儿童血铅水平超过或等于 100 微克/升,不管其有无相应的临床症状、体征以及生物化学改变,即可诊断为儿童铅中毒。

2012 年,美国又把儿童铅中毒标准修订为 50 微克/升。同时,强调 6 岁以下儿童每年必须进行血铅筛查。

我国从 20 世纪 80 年代起在部分地区开展了儿童铅中毒的研究和防治工作。2006 年 2 月,原国家卫生部公布了由国内专家提出的、符合我国国情的《儿童高铅血症和铅中毒预防指南》及《儿童高铅血症和铅中毒分级和处理原则(试行)》,规定了中国儿童铅中毒的诊断标准和分级。

| 我国儿童血铅健康标准值 | 100 微克/升 |
| --- | --- |
| 轻度中毒 | 200-250 微克/升 |
| 中度中毒 | 250-449 微克/升 |
| 重度中毒 | ≥450 微克/升 |

# 42. 日常生活中如何加强防护？

儿童血铅水平并无安全范围，环境铅暴露也无绝对安全范围，任何水平铅暴露对儿童的生长发育都是不利的，即使低水平铅暴露也应引起足够重视。

因此，专家建议，在减少工业性铅污染的同时，应构建全国统一的血铅质量监控预警网络；推动儿童血铅筛查立法，在有条件的地区，争取 0～6 岁儿童每人均有机会进行一次血铅测定；而在铅污染重点区域或有与铅相关生活习俗的地区，0～6 岁儿童应该每年进行一次血铅测定。

在日常生活中，应建立良好的卫生习惯，让孩子远离大"铅"世界。比如，养成勤洗手、勤剪指甲的好习惯，经常清洗儿童玩具和用品等，因为通过消化道摄铅入体内的占 85%～90%，防止铅从口入。

另外，不要带儿童到铅作业工厂附近散步、玩耍，直接从事铅作业的家庭成员下班前必须更换工作服和洗澡，不要将工作服和儿童衣服一起洗涤。避免在铅作业场所（或工间）为孩子哺乳。

以煤作为燃料的家庭应多开窗通风。选购儿童餐具应避免彩色图案和伪劣产品。避免食用皮蛋和老式爆米花机所爆食品等含铅较高的食品。不再使用锡壶盛放的黄酒、水等用于烹调。

儿童接受铅污染的主要来源——
- 汽车尾气污染
- 家居装饰用品污染
- 玩具和学习用品污染

防止儿童铅污染应从日常生活做起——
- 定期带孩子到医院进行血铅筛查
- 采取多种措施预防污染
- 教育孩子养成良好的生活习惯
- 尽量减少儿童在马路、汽车站、加油站的逗留时间
- 少吃含铅量较高的食物，如爆米花、薯条、松花蛋、膨化食品等

医学专家认为——
铅中毒是国际公认的危害儿童智力和神经系统发育的"第一杀手"。

熊德 编制 新华社发

避免给孩子使用偏方药物治病，特别是一些矿物粉可能含有高浓度的铅等重金属。

此外，儿童营养不良，特别是体内缺乏钙、铁、锌等元素，可使铅的吸收率提高和易感性增强。因此，在日常生活中应确保儿童膳食平衡及各种营养素的供给。

# 雾霾有哪些危害？

## 编者的话

2013年以来，我国不同地区在秋冬季都会出现长时间、大范围、高浓度的重污染天气，其中以北京及其周边地区最为严重，造成了不利的社会影响。雾霾、$PM_{2.5}$ 等词也因此迅速成为公众口头的"热词"。雾霾的发生不仅仅影响空气能见度，其中的颗粒物在静稳气象条件的"助力"下，在近地面层积聚，还会对人体健康产生危害。大气污染对任何人来说都是跑不掉的，没有人在这种环境下可以做到自强不"吸"。因此，雾霾的治理需要政府、企业、公众共同努力。

## 43. 雾霾是如何形成的？

现在大家都习惯说雾霾，其实"雾"和"霾"是两个不同的概念。雾是由大量悬浮在近地面空气中的微小水滴或冰晶组成的、低能见度的自然现象，是近地面的空气中水汽凝结（或凝华）的产物。霾也称灰霾，则是由空气中悬浮着大量的颗粒物所导致的水平能见度降低到 10 千米以下的一种浑浊现象。雾和霾都是一种天气现象。在气象学上，雾和霾是通过相对湿度来区分的，相对湿度高于 90% 时的低能见度现象称为雾，相对湿度低于 80% 时发生的低能见度现象称为霾，相对湿度介于两者之间的是雾和霾共同作用的结果。

事实上，雾和霾之间并不总是存在一个截然分明的界限，雾和霾往往是你中有我、我中有你，很难简单地用某个相对湿度值将其严格区分开。即使是一些相对湿度高于 90% 的大雾天气，也不能完全排除人为污染因素。

雾和霾最大的区别是，雾主要由水滴或者冰晶组成，虽然影响能见度，但对健康影响不大。而近年来所发生的霾则主要与化学成分复杂的 $PM_{2.5}$ 有关，对人体健康有很大危害。

# 44.PM$_{2.5}$ 的主要来源有哪些?

PM 是英文 Particulate Matter(颗粒物)的缩写,大气颗粒物粒径大小范围从几纳米到 100 微米,其中 PM$_{2.5}$ 指的是空气动力学直径小于或等于 2.5 微米的颗粒物(人类纤细头发的直径是 50～70 微米),又称为可入肺颗粒物,或细颗粒物。由于 PM$_{2.5}$ 粒径小并富含大量的有毒有害物质且在大气中的停留时间长、输送距离远,因而对人体健康以及大气环境质量的影响更大,是表征环境空气质量的主要污染物指标之一。

PM$_{2.5}$ 的来源非常复杂,可分为一次来源和二次来源。一次来源包括自然源和人为源,自然源是森林火灾、海啸、火山喷发等自然过程的一次直接排放;人为源则是燃料燃烧、交通运输、工业生产、建筑和道路扬尘等各种人类生活和生产活动形成的污染源。二次来源则是指相当比例的大气细颗粒物,如各类污染源排放进入大气中的二氧化硫、氮氧化物、挥发性有机物等气态污染物,在大气中发生复杂的化学反应后生成的二次颗粒物,包括无机颗粒物和有机颗粒物。无机颗粒物主要有硫酸盐、硝酸盐、铵盐等,是由二氧化硫、氮氧化物、氨等无机气态前体物经过复杂的大气化学反应过程形成的;有机颗粒物则含有数千种有机化合物,是由 VOCs 转化而来的。

不同的污染源在不同地区、不同季节、不同时段对 PM$_{2.5}$ 的贡献各不相同。由于 PM$_{2.5}$ 在空气中滞留的时间较长,所以通常其造成的污染具有区域性特征。对某一地区而言,除了本地产生的 PM$_{2.5}$ 外,周边地区的输入也是重要来源。

# 45.PM₂.₅的化学组成有哪些?

PM$_{2.5}$ 的组成十分复杂，是各种固体细颗粒和液滴的"大杂烩"，化学成分高达上百种。主要是水溶性离子组分、含碳组分及其他无机化合物三大类化学物质组成。

在 PM$_{2.5}$ 中，水溶性离子组分主要以硫酸盐、硝酸盐形式存在，一般是二次颗粒物，都可溶于水。含碳组分则包括有机碳、元素碳和无机碳，其中有机碳含有数千种有机化合物，既有一次颗粒物，也有经 VOCs 转化的二次细颗粒物，如多环芳烃类、醛类、有机酸及其盐类、酮类等。元素碳主要来自燃烧源的直接排放，如焦油、焦炭等。无机碳则包括来自土壤扬尘、建筑扬尘、道路扬尘等的地壳元素，以及来自化石燃料的燃烧及工业生产过程中产生的微量元素。

# 46.PM₂.₅有哪些健康危害?

PM$_{2.5}$ 化学组成多样，来源和成因复杂，不仅影响到环境质量、大气能见度、气候变化，也对人体健康造成危害。从目前的研究来看，PM$_{2.5}$ 含有相当多、程度不同的有毒致病物质，如铬、铅、汞、镉、砷等毒性重金属及苯并 [$a$] 芘、苯、甲醛等污染物以及病毒细菌等，这些物质吸附在细颗粒物上，进入人体血液，对健康产生危害。

$PM_{2.5}$ 对健康的影响是多方面的。人体暴露于 $PM_{2.5}$ 污染会增加心血管疾病、呼吸系统疾病发病与死亡的风险。其致病机理：吸附着有害物质的 $PM_{2.5}$ 可以刺激或腐蚀肺泡壁，长期作用可使呼吸道防御机能受损，发生支气管炎、肺气肿和支气管哮喘等。$PM_{2.5}$ 还可直接或间接地激活肺巨噬细胞和上皮细胞内的氧化应激系统，引起肺组织发生脂质过氧化等。

另外，当 $PM_{2.5}$ 进入人体后，会促进凝血功能，导致血栓形成、血压升高和动脉粥样硬化斑块形成。同时，$PM_{2.5}$ 还可通过肺部的自主神经反射弧，影响心脏的自主神经系统，导致心率变异性降低、心率升高和心律失常。长期暴露于 $PM_{2.5}$ 可显著增加人群心血管疾病的死亡风险。

城市 $PM_{2.5}$ 中含有多种致癌物和促癌物，如苯并 [a] 芘与居民肺癌发病率有关；$PM_{2.5}$ 高浓度长期暴露还与人群中出生缺陷高发有关。

# 47. 链接: 为什么冬季雾霾天比较多?

$PM_{2.5}$ 浓度水平受污染源排放影响，即工业生产、机动车尾气排放、冬季取暖烧煤等都会导致大气环境中颗粒物浓度增加。此外，$PM_{2.5}$ 浓度还与特定的气象条件有密切的关系，存在明显的季节变化特征。

以北京为例，冬季 $PM_{2.5}$ 的平均浓度最高，秋季与春季次之，夏季平均浓度最低。在春季，北京 $PM_{2.5}$ 主要是来自北方沙尘及周边地区农田秸秆焚烧的贡献；秋季则因太阳辐射强，大气氧化性增强，常发生光化学烟雾；夏季 $PM_{2.5}$ 主要是周边地区的输入，虽然本地 $PM_{2.5}$ 浓度也较高，但由于夏季降雨较频繁，有利于 $PM_{2.5}$ 的清除，所以浓度在 4 个季节中最低。

北京冬季 $PM_{2.5}$ 出现最高值的主要原因有两个：一是本地污染物排放浓度高、强度大，包括采暖期燃煤量显著升高，以及由于气温降低使机动车尾气排放增加，导致 $PM_{2.5}$ 及其前体物，如二氧化硫、氮氧化物、VOCs 等的排放量增加；二是气象条件不利于大气污染物扩散，地面逆温频率的增加使污染物在近地层不断累积，导致 $PM_{2.5}$ 达到高浓度水平。

在全国范围内，冬季由于地面夜间的辐射降温明显，大气低空易出现逆温层，稳定类大气条件出现频率明显偏多，严重阻碍空气的水平输送和垂直扩散，易造成污染物在近地面层的积聚，从而导致雾霾多发。其次，我国冬季气溶胶背景浓度高，特别是受取暖等的影响，污染物增多，有利于催生雾霾形成。雾霾天气会使近地层大气更加稳定，促进二氧化硫、氮氧化物等二次颗粒物的转变，进一步加剧雾霾发展，加重大气污染。另外，冬季出现雾天的频率更多，从气象学角度看，有雾时大气比较稳定，易使污染物积聚。

目前，我国很多城市的污染物排放水平已处于临界点，对气象条件非常敏感，空气质量在扩散条件较好时能达标，一旦遭遇不利天气条件，雾霾就会进一步加剧。

# 大气颗粒物来源解析
## 解决什么问题？

**编者的话**

开展大气颗粒物来源解析，监测颗粒物源的结构变化，可为确定大气治理对策提供有力数据支撑，对治霾工作做出评价指导。为了根治雾霾，中央频繁部署，明确要求加强灰霾、臭氧的形成机理、来源解析、迁移规律和预警等研究，为污染治理提供科学支撑。各地也纷纷行动，开展相关研究工作，北京、天津等地大气颗粒物来源解析研究成果已向社会发布。环境保护部表示，力争在 2015 年年底前所有省会城市完成 $PM_{2.5}$ 来源解析，这将为政府减排决策奠定基础。

## 48. 何为大气颗粒物来源解析？

大气颗粒物来源解析是指通过化学、物理学、数学等方法定性或定量识别环境受体中大气颗粒物污染的来源。通俗地讲，来源解析就是定性地识别 $PM_{2.5}$ 的来源有哪些大类，定量计算每个大类对环境污染的贡献率有多少。

　　这是一项长期、复杂且系统的技术性工作，涉及多种技术方法、模型选择、样品采集与分析、化学成分谱的科学构建、模拟运算以及解析结果评估与应用等，是科学、有效开展颗粒物污染防治工作的基础和前提。

　　大气颗粒物来源解析技术不是空气污染治理技术，而是宏观环境管理定量化技术，解析结果的准确性强烈依赖输入数据的质量，且解析结果有一定的时效性、区域性。同时，解析结果的应用还要结合气象因子。

　　我国大气颗粒物来源解析具有以下几个特点：污染源种类多、来源复杂；污染源数量多；同一类型污染源排放特征差别大；控制技术差异大；大气颗粒物浓度高；大气处于高度复合污染条件下。

# 49. 开展来源解析的意义何在？

大气颗粒物来源非常复杂，不仅有人为污染源的排放，而且还有自然源的贡献。通过了解大气颗粒物的物理化学特征，不但可以定性识别和判断各类污染排放来源，而且可以定量解析各污染来源贡献的大小（负担率）。

通过对大气颗粒物浓度、组分进行调查研究，再结合当地地理、气象、经济结构等进行综合分析，就有可能对城市大气污染状况、污染程度和来源等做出科学判断。这有助于制订大气污染防治规划，也是制订环境空气质量达标规划和重污染天气应急预案的重要基础和依据。据此，可有针对性地采取措施，科学、有效地治理污染严重的污染物及排放源，提高空气质量。

当然，并非每个城市都必须做来源解析，目前我国大气污染主要是燃煤、工业生产、扬尘和机动车四种主要来源。对于有些城市来说，即使不做来源解析，也可以很清楚地知道主要问题出在哪儿。但对于有些城市即使污染源较为清楚，也需要做进一步的来源解析，比如对京津冀来说，削减燃煤很重要，不过，问题在于削减哪种燃煤，是老电厂煤改气，还是散煤削减，这完全不一样。而对于一些减排已达到一定程度的城市来说，则更需用来源解析的工具来寻找污染的"元凶"，通过不同燃煤、扬尘等的唯一特征物，追溯到具体的污染来源。

# 50. 来源解析有哪些方法？

大气颗粒物来源解析技术方法主要包括源清单法、源模型法和受体模型法，每种技术方法或者方法组合都有特定的适用范围。

源清单法：根据排放因子及活动水平估算污染物排放量，据此排放量识别对环境空气中颗粒物有贡献的主要排放源。

源模型法：以不同尺度数值模式方法定量描述大气污染物从源到受体所经历的物理化学过程，定量估算不同地区和不同类别污染源排放对环境空气中颗粒物的贡献。

受体模型法：从受体出发，根据源和受体颗粒物的化学、物理特征等信息，利用数学方法定量解析各污染源类对环境空气中颗粒物的贡献。

源模型与受体模型联用：对复合污染特征较为明显的城市或区域，可使用源模型与受体模型联用法对颗粒物来源进行详细解析。

专家建议，解析常态污染下颗粒物的来源，为制订长期颗粒物污染防治方案提供支撑，建议使用受体模型法；细颗粒物（ $PM_{2.5}$ ）污染突出的城市或区域，建议受体模型和源模型联用；解析重污染天气下颗粒物污染的来源，为颗粒物重污染应急响应决策提供支撑，建议受体模型和源模型联用；同时基于在线高时间分辨率的监测和模拟技术，开展快速源识别；评估颗粒物污染的长期变化趋势和控制效果，建议使用受体模型法；评估多污染物协同控制的环境效益，建议使用源模型法。

对于大气污染防治工作基础较好的重点区域，如京津冀地区等，建议在动态更新污染源清单的基础上，采用源模型和受体模型联用解析本地和区域的颗粒物来源；其他城市或区域根据自身条件，以受体模型法为基础开展颗粒物来源解析工作，并逐步建立颗粒物源成分谱、详细的动态源排放清单和模型联用的方法体系。

# 51. 我国来源解析工作进展如何？

只有摸清产生雾霾的主要因素，大气污染治理才能有的放矢。为了根治雾霾，中央进行了频繁的部署。如国务院颁布的《大气污染防治行动计划》明确要求，"加强灰霾、臭氧的形成机理、来源解析、迁移规律和预警等研究，为污染治理提供科学支撑"。于2013年启动的《清洁空气研究计划》的核心任务，就是重点突破大气污染源排放清单与综合减排、空气质量监测与污染来源解析等技术"瓶颈"。

我国大气颗粒物来源解析正由过去的粗粒子来源解析向细粒子来源解析转变；由主要无机成分为主向无机和有机并重转变。由于开展雾霾的来源解析，需要选择合适的点位进行长期观测和监测，获取大量的常规性、持续性的监测数据信息，在此基础上进行大量分析，才具有参考价值。目前研究往往是典型时段采样，导致分析结果可能出现偏差，污染源判断不准。

按照《清洁空气研究计划》要求，北京、天津、石家庄、上海等地大气颗粒物来源解析研究成果已向社会发布。此外，南京、杭州、宁波、广州和深圳等城市研究成果已通过论证。

环境保护部对于雾霾的来源解析研究工作正在有序推进。从 2015 年 1 月 1 日起，全国 338 个地级以上城市 1436 个监测点位全部具备实施新空气质量标准监测能力，并开始向社会公布包括 $PM_{2.5}$ 在内的实时监测数据。根据部署，力争到 2015 年年底前，所有省会城市完成 $PM_{2.5}$ 来源解析的初步或阶段性报告，这将为确定治理对象提供有力数据支撑。

# 52. 链接：国外如何开展来源解析？

国外对大气颗粒物来源解析的研究开展较早，取得了大量成果，在颗粒物削减、颗粒物基准文件的编制、空气质量标准、污染控制立法等方面发挥了重要作用。

美国于 20 世纪 70 年代就开始进行颗粒物来源解析工作。1998 年以后，美国加强了对大气颗粒物的研究，相继成立了 5 个大气颗粒物研究中心，开展大气颗粒物的环境健康效应、空气污染的化学特征及颗粒物来源等方面的研究，为美国环保局制定有效的政策和标准提供支持。

日本政府也较重视颗粒物来源解析工作。2011 年，日本颁布了《微小粒子状物质（$PM_{2.5}$）成分分析导则》，导则中提出："地方政府为确保 $PM_{2.5}$ 环境质量标准，应当在开展质量浓度监测的同时，对其化学成分进行分析，以便能够制定出有针对性的污染源控制政策。"据此，日本各地方政府相继开展了 $PM_{2.5}$ 来源解析工作。

传统意义的来源解析只能定性识别和定量解析颗粒物的来源种类及其贡献大小，一般不能明确指出这些来源的地理位置。近些年，美国和欧洲的科学家成功地利用现代气象观测数据来追溯大气颗粒物特定组分的传输路径，甚至可以达到成百上千千米以外，最后用统计的方法推测和识别来源地区。这种技术成功地解释了颗粒物长距离传输现象。

# 重污染天气
# 该如何应急管理？

## 编者的话

　　目前大气污染物排放总量居高不下，在极端不利气象条件下容易出现重污染天气，因此需要在加大污染防治力度的基础上，采取强有力的应急管理措施，以减缓重污染程度。我国政府明确要求，重污染天气应急响应纳入地方人民政府突发事件应急管理体系，实行政府主要负责人负责制，当预警发布后，各地应因地制宜快速地响应，以保护公众身体健康。同时，依法进行信息公开，加强舆论引导，强化责任追究，共同营造"同呼吸、共奋斗"的良好氛围。

# 53. 如何更好地发挥重污染天气应急预案作用？

　　重污染天气应急预案是应急管理工作的重要抓手，采取的应急响应措施能够在某种程度上缓解大气重污染程度、缩短重污染持续时间，从而实现对公众健康的保护。

为保障应急预案的实施，应进一步加强技术保障，增进与气象部门的技术合作，共同开展空气污染预测、预报、预警技术研究，为推进空气污染防治工作做好服务。充分利用社会基础通信设施，建立健全各级应急信息通信保障体系，充分利用有线、无线等通信设备，保证信息通信渠道的通畅，保证应急处置信息能够及时上通下达。

完善监测体系，确保监测设备稳定运行。利用污染源在线监测等技术手段掌握空气污染源的相关信息，建立并完善环境空气质量和污染源信息管理系统，形成迅捷、高效、实时的空气污染监测、预警系统，为空气污染预测、预报、预警提供基础数据。

营造良好氛围，充分利用现有的宣传媒体，积极开展空气污染防治有关知识的宣传教育和普及。定期组织对相关人员进行培训，使之熟练掌握防治空气污染专业知识和应急处置工作程序，提高防控的效率和效果。

虽然强有力的应急管理措施可减缓污染程度，但也不能过于依赖和夸大其在应对重污染天气方面的作用，不能单靠应急预案解决污染的所有问题。重污染天气的形成机理极为复杂，污染物来源、迁移扩散规律尚不完全清楚，大气污染的根本问题还是需要通过调整产业结构和能源结构这些日常防控措施来解决。

# 54. 应急预案规定了哪些应急响应措施？

　　强化应急准备，加快重污染天气监测预警业务平台建设，健全预警信息发布机制，同时加强辖区各城市应急预案统筹衔接，强化组织、协调和联防联动。

　　重污染天气应急实行分级预警。各地可因地制宜，按照国家突发事件应对的有关规定，将重污染天气的预警等级划分为蓝色、黄色、橙色和红色四级，结合本地情况，确定不同等级的具体标准，并采取对应措施。

　　例如，当发布蓝色预警时，提醒公众做好健康防护，倡导公众自觉采取污染减排措施。当发布黄色及以上等级预警时，按照专项实施方案分级落实强制性减排措施，主要包括工业企业停产、限产、限排，燃煤替代，机动车限行，场地扬尘管控，露天烧烤、秸秆焚烧管制等。当发布红色预警时，统筹安排社会资源，为强化强制性减排措施和采取户外活动停办、中小学和幼儿园停课等措施做好准备，尽量减少对正常社会秩序的影响。

　　为保障公众健康，出现重污染天气时，应提醒儿童、老年人和患有心脏及呼吸系统疾病等易感人群留在室内；学校和幼儿园停止户外活动、减少上学时间，或者放假；提醒一般人群减少或停止户外活动；减少或暂停露天比赛等户外大型活动；在严重污染情况下，有关政府部门、企事业单位根据情况实行员工休假或弹性工作制。

河北省天气重污染预警分级图

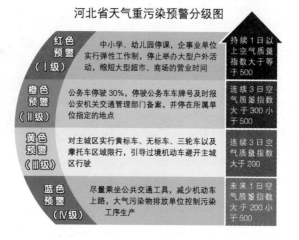

| | | |
|---|---|---|
| 红色预警（Ⅰ级） | 中小学、幼儿园停课，企事业单位实行弹性工作制，停止举办大型户外活动，缩短大型超市、商场的营业时间 | 持续1日以上空气质量指数大于等于500 |
| 橙色预警（Ⅱ级） | 公务车停驶30%，停驶公务车车牌号及时报公安机关交通管理部门备案，并停在所属单位指定的地点 | 连续3日空气质量指数大于300小于500 |
| 黄色预警（Ⅲ级） | 对主城区实行黄标车、无标车、三轮车以及摩托车区域限行，引导过境机动车避开主城区行驶 | 连续3日空气质量指数大于200 |
| 蓝色预警（Ⅳ级） | 尽量乘坐公共交通工具，减少机动车上路，大气污染物排放单位控制污染工序生产 | 未来1日空气质量指数大于200小于500 |

一般来说，红色预警对应的应急措施都包括大型户外活动停办、中小学和幼儿园停课和严格的机动车限行措施。但是各地因为实际情况不同，相应措施的侧重点也不同。强制性减排措施要在科学测算和充分论证的基础上进行，保证各项措施能用、管用。

# 55. 重污染天气应急和突发事件应急有何不同？

加强重污染天气应急管理工作是基于当前我国异常严峻的大气污染形势提出的。突发事件应急工作主要是事件发生后及时采取应急处置措施，消除或者减轻事件造成的不利后果。重污染天气应急工作则强调提前预警、及时响应，避免重污染天气的持续恶化，而且侧重对公众健康的防护。

《大气污染防治行动计划》（国发〔2013〕37号）明确规定将重污染天气应急响应纳入地方人民政府突发事件应急管理体系，实行政府主要负责人负责制，但这并不意味着将重污染天气作为突发事件，而只是比照突发事件进行应急管理。

因此，地方人民政府要按照国家突发事件应对的有关要求，根据属地管理原则，通过完善体制、健全机制和加强能力建设等，形成政府组织实施、有关部门和单位具体落实、全民共同参与的应急管理体系。

重污染天气应急预案是政府的专项应急预案，应由地方人民政府牵头，协调各相关部门和各方面关系，从组织机构、监测预警、应急响应、宣传教育、责任追究等方面统筹安排。

# 56. 重污染天气预警和雾霾预警有什么不同？

霾预警属于气象部门的预警体系。虽然重污染天气的预警以及重污染程度是否缓解都需要依托气象因素，但是空气重污染程度的判断很复杂，与污染物排放与积累也有一定关系。霾本身强度与其造成的空气重污染不是完全同步的等量递进关系。因此，霾预警和重污染天气预警监测信息不同，发布条件也不相同。

不同地区应根据实际情况，综合考虑环境空气质量指数

(AQI) 监测数据、气象数据，预测污染可能出现及持续时间、强度等，自行确定发布与解除预警的时间、程序、条件及方式。必要时，可进行专家会商论证。预警信息一经发布，当地人民政府应当按照应急预案迅速启动应急响应。

根据《环境空气质量指数 (AQI) 技术规定 ( 试行 )》（HT 633—2012 )，环境空气质量指数 (AQI) 分为六级。

## 环境空气质量指数（AQI）分级

| AQI 级别 | 一级 | 二级 | 三级 | 四级 | 五级 | 六级 |
|---|---|---|---|---|---|---|
| AQI 类别 | 优 | 良 | 轻度污染 | 中度污染 | 重度污染 | 严重污染 |

各地可根据实际情况，自行确定预警级别。一般情况下，可根据重度污染和严重污染，分为 II 级预警和 I 级预警。如 II 级预警措施，可及时通过广播、电视、网络、报刊等媒体和微博客、手机短信等方式向受影响区域公众发布消息，告知公众主动采取自我防护措施。提出针对不同人群的健康保护和出行建议，特别是提醒易感人群做好防护。而 I 级预警措施，则在采取 II 级预警措施的基础上，要求值班人员 24 小时上岗、保持通信畅通，加强监控，对大气重污染可能发生的时间、地点、范围、强度、移动路径的变化及时做出预测预报，增加向社会公众发布通告的频次。

# 57. 链接：应急管理工作的责任追究有哪些规定？

《大气污染防治行动计划》规定，对因工作不力、履职缺位等导致未能有效应对重污染天气的，以及干预、伪造监测数据和没有完成年度目标任务的，监察机关要依法依纪追究有关单位和人员的责任，环保部门要对有关地区和企业实施建设项目环评限批，取消国家授予的环境保护荣誉称号。

各省（区、市）人民政府应将重污染天气应急管理工作纳入地方大气污染防治行动计划实施细则或其他规定，将应急管理的各项工作分解落实到相关部门和辖区地方人民政府，对工作不力、履职缺位等导致未能有效应对重污染天气尤其是持续严重污染等情形进行具体规定，可以从应急预案的制订和落实、应急响应措施的到位等方面进行考虑。

各省（区、市）人民政府应当组织监察、组织、环保等部门对重污染天气应急管理的相关工作进行监督检查，对辖区地方人民政府、主管部门、企事业单位等未按照有关规定落实各项应急措施的，依法严格追究责任。

# 如何做好雾霾天的健康防护?

## 编者的话

　　雾霾对人体呼吸系统、心血管系统有明显影响,威胁人体健康。减少雾霾对健康的伤害,其根本还是要对大气污染进行综合治理,如推进工业企业全面转型升级,开展区域联防联控等,做到科学治理、依法治理。由于大气治理需要一个长期艰苦努力的过程,在此期间,对于普通民众来说,应树立积极的防护态度,了解相关知识,维护自身健康。

## 58. 雾霾天来了,怎么保护自己?

　　减少室外暴露时间,降低活动强度。雾霾一般在清晨及夜里比较严重,午后则逐渐减轻。因此,遇上雾霾天时最好暂停晨练,尽量把户外锻炼改在室内进行,并只做些简单活动,减少活动量。

　　选择合适的防霾口罩。雾霾严重时若必须外出,要选购正规合格的职业防尘口罩,普通口罩对 $PM_{2.5}$ 的阻挡作用有限。

　　及时清洗。出门后进入室内要及时洗脸、漱口、清理鼻腔,去掉身上所附带的污染残留物。洗脸时最好用温水，利于洗掉脸上的颗粒。清理鼻腔时可以用干净棉签沾水反复清洗，或者反复用鼻子轻轻吸水并迅速擦洗，同时要避免呛咳。

尽量不开窗。确实需要开窗透气的话，应尽量避开早晚雾霾高峰时段，将窗户打开一条缝，时间以每次半小时左右为宜。

使用空气净化器。可选择品牌信誉度高的室内空气净化器，或在室内种植绿色植物，以降低室内的飘尘和 $PM_{2.5}$ 浓度。对开车族，可选用较大出风量的车载净化器，使车内空气形成循环，增强净化效果。在使用室内及车内净化器时应注意及时清洗及更换滤层，避免产生二次污染。

调整饮食结构。雾霾天应多饮水，适当调节饮食，以清淡为佳。少吃刺激性食物，多吃新鲜蔬菜和水果，补充各种维生素和无机盐，这些食物能够润肺除燥、祛痰止咳、健脾补肾。另外，也可多食用豆腐、牛奶等食品。

## 59. 易感人群需要哪些特殊防护措施？

雾霾天气对人体健康多少都有影响，只是随着污染程度不同，影响人群范围和影响程度也在变化。当污染较轻时，首先对易感人群有轻度影响。随着雾霾的加重，污染物不断增加，会使易感人群的症状加剧。如果污染继续加重，就会影响到全体人群。对于心脏病和呼吸系统疾病患者来说，持续的雾霾天会使其症状加重，甚至陷入危重状态。

研究表明，婴幼儿、儿童、老年人、糖尿病人、心血管疾病患者、慢性呼吸道疾病患者、慢性肺病患者对 $PM_{2.5}$ 的危害比较敏感。$PM_{2.5}$ 可削弱人体呼吸系统的防御能力，增加呼吸道对细菌、病毒等的易感性。最新研究还显示，肥胖者对 $PM_{2.5}$ 的健康危害也较敏感，特别是 $PM_{2.5}$ 暴露所致的心血管疾病风险。

雾霾来袭，易感人群应减少外出，多喝水，多吃新鲜、富含维生素的水果，生活作息规律。外出时，应佩戴口罩，必要时选择佩戴职业防尘口罩，不仅可有效保护健康人群的心血管系统，还可防止心血管疾病患者症状的恶化或发作。

需要提醒的是，体弱人群，特别是心、肺疾病患者佩戴职业防尘口罩前应咨询大夫。另外，纱布口罩可以反复使用，但必须消毒，$N_{95}$ 等一次性口罩最好不要反复使用，避免带来二次污染。取下口罩后要等到里面干燥后再对折，以防呼吸的潮气让口罩滋生细菌。

慢性呼吸道疾病和心血管疾病患者，尤其是哮喘、冠心病患者外出时，应随身携带药物，以免受到污染物刺激病情突然加重。

从防范的角度来说，当遇到大雾弥漫或者水蒸气比较少、天气灰霾的时候，家中如有心脏病、高血压、肺病患者，应仔细观察其病情变化，及时采取措施。

# 60. 雾霾天如何锻炼身体？

从理论上讲，任何运动都会让人的肺活量增大，呼吸加快，尤其在雾霾天，势必吸入更多污浊空气。佩戴口罩虽可起到一定保护作用，但封闭较好的口罩又往往透气性差，长时间佩戴会使人感到憋闷、呼吸不畅。从运动的角度而言，呼吸不畅同样有害，所以雾霾天不建议人们进行户外运动。

同时，雾霾天气易对人的呼吸系统和心血管系统产生不良影响，参加长跑、篮球等剧烈运动不仅达不到强身健体的目的，更可能适得其反。平时有锻炼习惯的应停止户外跑步和散步，最好不要进行心肺功能锻炼，如高强度的跑步等。同时，雾霾天气压较低，高血压、冠心病患者如果剧烈运动，易诱发心绞痛、心衰。

　　建议大家选择室内项目，健身要尽量舒缓，如打太极、做瑜伽、健身操等，以力量和拉伸、柔韧练习为主。同时，做家务活也是进行锻炼的不错选择。除了在家健身，健身馆也是室内锻炼的去处之一，不过健身馆空间有限，如果同时健身的人较多，空气质量反倒不好，容易产生健康隐患。

　　在严重雾霾天气时，学校应尽量减少学生的户外活动时间，将体育课改到室内，可以进行跳绳、仰卧起坐或者做操。

# 61.链接: 如何正确选择防霾口罩?

　　目前认为，雾霾中对人体健康威胁最大的颗粒物是直径为10微米以下的可吸入颗粒物（$PM_{10}$），尤其是直径为2.5微米以下的可入肺颗粒物（$PM_{2.5}$）。为减少雾霾对人体健康的影响，生活中可采取佩戴口罩的方式加以防护。口罩对进入肺部的空气有一定过滤作用。

　　按使用类型，口罩可分为普通纱布口罩、医用外科口罩、活性炭口罩以及 $N_{95}$ 口罩等。纱布外科口罩仅能过滤较大粒径的颗粒，如花粉等，适合平时清洁工作时使用。医用外科口罩主要用于防护细菌，也可阻挡部分粒径在 5 微米左右颗粒。活性炭口罩可吸附有机气体及滤除异味，但对颗粒物防护效果一般，且不具有杀菌功能，适用于喷漆作业或喷洒农药时使用。

　　真正能有效防范雾霾的口罩是职业防尘口罩，即能有效过滤 $PM_{2.5}$ 微粒的口罩。根据美国国家职业安全卫生研究所认证，职业用防颗粒物口罩分为 N、R、P 三个系列，其中 N 代表可用来防护非油性悬浮微粒。根据滤材最低过滤效率，又分为不同等级，如 95 等级，表示最低过滤效率 ≥ 95％；99 等级，表示最低过滤效率 ≥ 99％；100 等级，表示最低过滤效率 ≥ 99.97％。

所以，$N_{95}$、$R_{95}$、$P_{95}$ 以及滤菌功能更高的口罩，都能有效过滤悬浮微粒或病菌。此外，通过欧盟标准的 $FFP_1$、$FFP_2$ 及 $FFP_3$ 工业用口罩也可以有效滤除微粒或病菌。

防护效果取决于口罩材料的组成、口罩的过滤效率和口罩与脸部的吻合程度。口罩组成材料越致密，其材料空隙就越小，颗粒物越不容易通过，过滤效率就越好，但同时吸气阻力也会增大，佩戴者舒适度较差。因此，需要在过滤效率与吸气阻力间寻找一个平衡。需要提醒的是，有呼吸系统疾病的人、老年人和儿童等，不宜佩戴阻力较大的口罩。

# 治理 PM$_{2.5}$，
# 油品为何要升级?

## 编者的话

　　车、油同步升级是缓解机动车尾气污染的重要措施。目前北京、江苏、上海以及广东部分城市已陆续实施了第五阶段国家机动车排放标准，按照规划，车用汽柴油国V标准将于2018年1月1日在全国范围内全面施行。排放标准的提高正倒逼燃油品质升级。目前，我国油品标准中很多关键环保指标仍然落后于发达国家，同时油品升级落后于机动车排放标准的提升，这不仅使机动车排放标准多次被迫推迟实施，而且对油品有害物控制标准没有约束力。一些城市大气颗粒物来源解析结果显示，汽车尾气是雾霾的主要来源之一，治理雾霾，油品升级势在必行。

## 62. 我国的油品标准有哪些?

　　自20世纪50年代起，我国车用汽油经历了低标号、高标号、无铅化的发展历程。1991年，开启车用汽油无铅化进程，历时9年，于2000年7月1日在全国范围内实施。完成车用汽油无铅化进程后，我国汽车油品又面临清洁化的挑战。

我国的油品质量标准体系分为车用汽油和柴油标准，其中柴油标准又分为车用柴油和普通柴油两类进行控制。目前世界上应用最广泛的是欧洲车用汽柴油标准，该标准以油品硫含量为标志性指标，我国也是参照欧盟标准。其中，北京已实施京 V 汽油、京 Ⅳ 车用柴油，硫含量为 10 mg/kg 以下，2014 年全国启用国 Ⅳ 汽油标准，硫含量为 50 mg/kg。

我国在国 Ⅲ 汽油标准中已将苯含量降低至 1% 以下，国 Ⅳ 标准中硫含量降低至 50 mg/kg 以下，国 V 汽油计划将硫含量进一步降低到 10 mg/kg 以下，达到与欧美国家相当的水平。但烯烃、芳烃含量以及蒸气压指标一直滞后于欧美。目前我国车用柴油执行国 Ⅲ 标准，含硫量为 350 mg/kg 以下，且未控制总芳烃含量。

总体而言，我国油品质量升级时间间隔和世界平均间隔相当。《2014—2015 年节能减排低碳发展行动方案》规定，到 2015 年底，京津冀、长三角、珠三角等区域内重点城市全面供应国 V 标准车用汽柴油，按照规划，2018 年将在全国全面升级至国 V 标准。

2013 年，国家发布了轻型汽车污染物排放国五标准，将大幅削减新车排放量，其环保效益将随着实施时间的延长而逐年加大。与实施国五标准同步供应高品质燃油，将带动大量在用机动车减排。

# 63.PM₂.₅ 与油品有什么关系?

油品质量与机动车的排放性能密切相关,其中的硫、锰、铜等元素和烯烃、芳烃、醇类等物质的含量对排放性能都有重要影响。不同级别的油品中,这些元素和物质的排放量不同。特别是硫的含量,是机动车排放限值最为重要的指标,几乎决定了机动车排放的所有污染物水平。无论是 $PM_{2.5}$、氮氧化物还是碳氢化合物、一氧化碳,都会随着硫含量的增加而增加。国际上通行的尾气排放管理方法,就是限制燃油中的硫含量,即含硫越少,油品质量就越高,所排放尾气就相对越清洁。

目前,我国油品标准中存在柴油标准体系欠科学,低硫化进程慢,汽油标准中芳烃、烯烃和蒸气压限值过高等问题,这些都加剧了油品在运输和使用过程中挥发性有机物的排放和 $PM_{2.5}$ 的生成。

汽油标准烯烃、芳烃限值过高,对复合型大气污染贡献显著。机动车尾气中有百余种以上化学成分,均对 $PM_{2.5}$ 以及光化学烟雾的形成有贡献,其中碳氢化合物如烷烃、环烷烃、烯烃和芳烃,绝大多数都属于挥发性有机污染物 (VOCs)。油品的化学组分直接影响汽车尾气的化学毒性。烯烃和芳烃易给发动机带来危害,造成颗粒物排放量增高,使尾气排放物的光化学反应活性增强,而降低芳烃含量,则会显著减少尾气中苯、甲苯等苯系物的排放。

汽油标准蒸气压限值滞后,导致运输和使用过程 VOCs 排放量大。车用汽油蒸气压是影响油品储运及使用过程中 VOCs 排放的重要原因，蒸气压越大，VOCs 的排放越显著，油耗也必然随之增加。

柴油低硫化进程慢，未控制总芳烃指标。与汽油车相比，柴油车尾气有害物质排放量大，是氮氧化物和颗粒物的主要贡献者，除多环芳烃类致癌物质外，其他芳烃物质毒性也很大。实验证明，降低柴油硫含量可以降低二氧化硫、氮氧化物及颗粒物的排放，而减少芳烃含量可降低颗粒物、碳氢化合物及多环芳烃等有毒物质的排放。

我国的汽柴油质量与欧美等发达国家之间存在一定差距。油品质量不高导致机动车尾气排放污染居高不下，成为 $PM_{2.5}$ 污染的主要来源。

# 64. 机动车对 $PM_{2.5}$ 贡献有多大？

机动车大多是以汽油发动机和柴油发动机为动力，这两类发动机均直接排放细颗粒物，其中汽油机排放的颗粒物相对较少，而柴油机排放量多，是城市 $PM_{2.5}$ 污染的主要排放源之一。

发动机排放的颗粒物包括黑炭、有机组分和硫酸盐三类主要成分。除颗粒物外，机动车还排放大量的气态污染物，其中的二氧化硫、氮氧化物和碳氢化合物都是 $PM_{2.5}$ 的重要前体物。汽车运行中，车轮对尘土反复碾压磨碎，使其颗粒越来越小，并被气流卷入大气中，也加剧了 $PM_{2.5}$ 的污染。

为摸清各类污染物对雾霾的贡献率，环境保护部要求各地开展大气颗粒物来源解析工作，为 $PM_{2.5}$ 治理提供科学支撑。在已公布的来源解析报

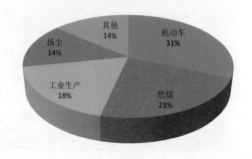

**北京市 $PM_{2.5}$ 来源解析图（本地污染）**

其他 14%
机动车 31%
扬尘 14%
工业生产 18%
燃煤 23%

告中，城市机动车排放对 PM$_{2.5}$ 的贡献不容忽视。

　　例如，北京市环保局发布的 PM$_{2.5}$ 来源解析报告显示，在雾霾所有来源中，区域传输贡献占 28% ~ 36%，本地污染贡献如上图所示，其中机动车污染占到 31%。天津市环保局公布的大气颗粒物来源解析报告显示，在本地污染贡献中，机动车所占比例为 20%。石家庄市环保局公布的大气颗粒物来源解析结果如下图所示，其中机动车污染占比 15%。上海日前公布的大气颗粒物来源解析结果显示，在本地排放源中，流动源占了 29.2%。

　　不过，由于 PM$_{2.5}$ 成分的时空分布多变性、采用的方法、研究者的主观因素等多方面原因，机动车对于各地 PM$_{2.5}$ 的贡献到底有多大，还需要进一步加强监测和分析。

**石家庄大气颗粒物来源解析图**

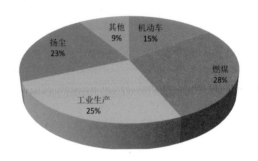

机动车 15%
其他 9%
扬尘 23%
燃煤 28%
工业生产 25%

# 65. 如何加快推进油品升级改造进程？

　　为加强大气污染防治，国务院要求加快油品质量升级，明确了时间表，并指出按照合理补偿成本、优质优价和污染者付费的原则合理确定成品油价格。油品质量标准不仅关系到油品运输及使用过程中的污染排放，还直接影响炼油工业和汽车工业的技术进步。

完善油品质量标准，有效减缓复合型大气污染。首先，将柴油质量标准统一，控制柴油总芳烃限值，降低多环芳烃限值，并加快低硫化步伐。其次，汽油国 V 标准除按计划推进低硫化外，还应降低烯烃、芳烃含量限值和蒸气压最高限值。鉴于中东部大中型城市圈大气污染严重，应实行差别化管理，对京津冀、长三角、珠三角等大气污染重点控制区域，从减少光化学烟雾的角度出发，制定更为严格的特别标准限值。

此外，环保部门还应根据油品质量标准体系升级要求，加快修订现有的车用汽油及车用柴油有害物质控制标准，并制定完善各类机动车、船等尾气排放标准。

统筹规划，加快炼油工业升级改造。应从油品升级角度优化新建、扩建炼油项目装置，做好生产装置结构调整的统筹规划。同时，加大配套基础研究投入，推进油品升级的技术进步。

加强环保政策保障，激励油品升级内在动力。应完善污染物总量减排核算办法，核算油品升级带来的减排效益，计入企业总量绩效核算。将生产销售好于国家标准油品的企业纳入财税补贴激励政策范围。

规范整治地方炼油企业，消除油品升级外部阻力。强化质量监督，对劣质油品及其生产企业，加大惩处力度，杜绝低劣油品进入市场。

# 政府为何要禁止
# 露天烧烤？

## 编者的话

　　每到消夏季节，街边就会出现很多设施简陋的烧烤摊。烧烤排放的烟尘中含有大量细颗粒物，会在短时间内使局部地区 $PM_{2.5}$ 急剧增加，对人体健康和空气环境质量产生影响。由于市场需求大，露天烧烤屡禁不止，成为城市治理的顽疾。目前，各地都出台了禁止露天烧烤的相关规定，划定禁烧区范围，加大处罚力度，但治理效果究竟如何，还要看执行能否到位。

## 66. 露天烧烤对环境和健康危害有多大？

　　烧烤烟气污染环境。露天烧烤正成为影响城市环境的重要污染源，也是 $PM_{2.5}$ 的一个很典型的贡献者。露天烧烤大多无吸烟装置，使用的燃料多为木炭或焦炭，产生大量的煤烟、煤渣、煤灰，对空气产生严重污染。除了燃料产生污染，掉在燃料中的油脂、肉渣、调味品等在燃烧时也会产生浓烟，不仅气味难闻，还含有污染大气环境的细颗粒物。由于露天烧烤过程中使用的炭火是典型的不完全燃烧，当摊位处泛起浓烟时，周围空气中的 $PM_{2.5}$ 含量会瞬间增高，甚至达到每立方米几千微克。另外，烧烤摊点大多晚上出摊，而晚上有逆温现象，空气流动较慢，不易扩散，所以比白天污染更为严重。

烧烤烟气危害健康。烧烤烟气中含有一氧化碳、硫氧化物、氮氧化物、苯并［a］芘等。尤其是其中的苯并［a］芘是国际上公认的致癌物，在体内蓄积，易引发胃癌、肠癌等。人体长期吸入这种被污染的空气，易诱发癌变。另外，烧烤煎炸食物散发的热气容易引起咽部发炎，甚至可能患上肺炎。世界卫生组织公布了一项历时3年的研究结果，其中烧烤食品位列十大垃圾食品，并认为吃烧烤等同吸烟的毒性。

卫生状况令人担忧。除了污染环境外，露天烧烤本身的卫生状况也令人堪忧。原料绝大部分未经卫生部门检疫，清洁条件差等，食品安全难以保障。

# 67. 哪些地方属于禁烧区？

针对露天烧烤污染环境、影响人体健康等问题，北京、上海、天津、成都等地先后都出台了禁止露天烧烤食品的相关规定。

《北京市禁止露天烧烤食品的规定》明确，为改善首都大气环境质量，维护城市市容环境卫生，禁止在北京城区和近郊区城镇地区的街道、胡同、广场、居住小区、公共绿地等公共场所露天烧烤食品。远郊区、县城镇地区禁止露天烧烤的具体范围，由远郊区、县人民政府划定。《北京市大气污染防治条例》要求，任何单位和个人不得在政府划定的禁止范围内露天烧烤食品或者为露天烧烤食品提供场地。

在《江苏省大气污染防治条例》中，增加了"禁止在城市主次干道两侧、居民居住区以及公园、绿地内管理维护单位指定的烧烤区域外露天烧烤食品"的条款。

成都市出台的《成都市大气污染防治管理规定》中，明确提出禁止沿街违法占道或在人口集中地区经营产生污染的露天饮食摊点。

也有人大代表建议，立法之后，政府部门应进一步细化禁止露天烧烤食品的范围。

# 68. 违规露天烧烤为何屡禁不止？

北京市 2014 年 3 月发布的《北京市消夏露天餐饮经营管理暂行办法》要求，消夏露天餐饮经营场所应符合环保部门关于餐饮油烟排放、污水排放、生产经营设施噪声扰民等工作的相关规定。

露天烧烤污染环境，扰民频频，虽对其加强了查处却屡禁不止。调查发现，主要原因：一是露天烧烤利润丰厚；二是违规者抱有侥幸心理；三是市场准入门槛低；四是市场需求量较大。

此外，管辖范围大、执法人手相对不足也是难以彻底清查的原因之一。

# 69.违反禁令怎么处罚?

在环境保护部公布的《环境空气细颗粒物污染综合防治技术政策》中，针对生活源污染防治，明确提出了"治理饮食业、干洗业、小型燃煤燃油锅炉等生活污染源"、"应有效控制城市露天烧烤"等规定。

为严格监管露天烧烤食品，各地纷纷出台详细措施加大处罚力度。以北京为例，《北京市大气污染防治条例》中明确禁止露天烧烤，并将此类行为增补进"加倍处罚无上限"的严惩范围。在政府划定的禁止范围内露天烧烤食品，或者为露天烧烤食品提供场地的单位和个人，将被处以单次最高两万元的罚款，此罚则是北京原有规定的 5 000 元的 4 倍，同时屡教不改者将面临"加倍处罚不封顶"的严惩。北京市清洁空气行动计划中也针对"加强餐饮油烟污染控制"、"加大对露天烧烤等行为的监管"出台了实施细则。哈尔滨市对占道露天烧烤清理取缔拒不配合的，将依据《哈尔滨市城市居民居住环境保护条例》第三十条第五项规定，进行 3 000 元上限处罚。

# 70. 链接: 为何要严格监管餐饮油烟?

随着我国第三产业的快速发展，餐饮油烟污染扰民问题逐渐突出，餐饮油烟废气、工业废气和机动车尾气被视为城市的三大大气污染杀手。研究发现，餐饮油烟污染物大致可分为三类：第一类为可沉降颗粒，其粒径在 10 微米以上，受重力影响，一般不会对大气造成持久性污染；第二类为可吸入颗粒，其粒径在 0.01 ~ 10 微米，其中大多数为细颗粒 $PM_{2.5}$；第三类主要为有机气态污染物，是挥发性有机物（VOCs）的重要来源，挥发性有机物是大气区域性复合型污染的重要前体物。在餐饮油烟中，可检测出的 VOCs 有 300 多种。

餐饮油烟多属于低空排放，对 $PM_{2.5}$ 等大气颗粒物的贡献很大，油雾排出后可直接形成 $PM_{2.5}$，而 VOCs 通过在空气中的化学反应，也可以形成 $PM_{2.5}$。

同时，油烟中含有的烷烃、烯烃、醛类、芳香族化合物等，进入血液循环系统，对人体具有肺脏毒性、免疫毒性、致突变性等，对健康产生危害。

针对餐饮油烟排放污染，我国出台了一系列法律法规，如在《环境保护法》、《大气污染防治法》以及《饮食业油烟排放标准》中明确规定，严格限制向大气排放含有害物质的废气和粉尘；确需排放的，必须经过净化处理，不超过规定的排放标准；排放油烟的饮食业单位必须安装油烟净化设施，并保证操作期间按要求运行；油烟无组织排放视同超标等。

# 夏季臭氧缘何易超标?

## 编者的话

　　当前，人们对于空气污染的注意力多集中于$PM_{2.5}$，但随着季节的变化，空气首要污染物会有所变化。环境保护部发布的重点区域和74个城市空气质量状况显示，夏季以臭氧为首要污染物的超标天数超过了$PM_{2.5}$，居于第一位。也就是说，夏季特别是在晴朗酷热的午后，低空臭氧超标尤其明显。臭氧超标，对人体和动植物健康影响很大，不容忽视。国家在修订《环境空气质量标准》时，增加了臭氧8小时浓度监测，这是臭氧污染治理的第一步。

## 71. 夏季臭氧为何容易超标?

　　臭氧（$O_3$）是氧气（$O_2$）的同素异形体，在常温下，它是一种有特殊臭味的淡蓝色气体。臭氧是天然大气中的重要微量组分之一，也是重要的大气氧化剂，在地球大气化学中起着非常重要的作用。

大气层中的臭氧分为对流层近地面臭氧和平流层臭氧两部分，它们对生活在地球表面的人类和动植物具有不同的作用和影响。平流层集中了大气中约90%的臭氧，对流层臭氧仅占10%左右，其含量高低与所处的经纬度范围、城市还是乡村，以及地形和气象条件等密切相关。

平流层臭氧可有效吸收太阳紫外辐射，是对地球表面生活的人类和动植物有益的紫外屏障，是人类需要保护的大气臭氧层。平流层臭氧含量减少或臭氧层变薄，会使紫外辐射强度显著增强，对生物细胞具有很强的杀伤作用，导致人类皮肤癌发病率增高，影响动植物生长，并对材料和建筑物等产生不良影响，进而对人类健康和生态环境带来危害。

对环境和人体健康产生危害的是近地面臭氧的增加。除了平流层输入，近地臭氧大部分是由人为源排放的氮氧化物和挥发性有机物等，在高温、强光照条件下发生光化学反应二次转化而成的。其中，氮氧化物主要来自机动车、发电厂、燃煤锅炉和水泥炉窑等高温燃烧或工艺过程排放，挥发性有机物主要来自机动车、石化工业排放和有机溶剂挥发等。

臭氧污染带有明显的季节性特点，一般5～9月浓度比较高。盛夏季节，空气扩散条件比较好，加上降雨较多，是一年中$PM_{2.5}$浓度相对较低的季节，人们常常可以看到蓝天白云的晴好天气。但是，夏天强烈的太阳辐射和较高的温度，易造成光化学烟雾和二次臭氧生成，因为持续高温和强日照天气有利于氮氧化物和挥发性有机物发生大气光化学反应，从而生成地面臭氧和乙酰硝酸酯等强氧化剂。因此，在夏季，臭氧会随着气

温的上升而增多。

　　如果地面风速较低、混合层高度较低，还会导致地面臭氧不断累积。同时，大气中的气态污染物也可能在这种强氧化环境中生成二次气溶胶，进一步加重 $PM_{2.5}$ 污染，呈现出地面臭氧和 $PM_{2.5}$ 复合型污染的特征。

# 72. 臭氧超标有哪些危害？

　　臭氧对人类来说是把"双刃剑"。少量吸入有益，过量则对健康有一定危害。

　　近年来，平流层上层臭氧大量减少，而平流层下层和对流层上层臭氧量增长，对全球气候起到不良的扰乱作用。臭氧超

标对人体和动植物健康都有负面影响。

　　臭氧是光化学烟雾生成的主要二次大气污染物成分之一，对人和动物的眼睛和呼吸道有强烈刺激作用，对人和动物的肺功能也有影响。

　　臭氧是一种强氧化剂，当臭氧被吸入呼吸道后，与呼吸道中的细胞、流体和组织很快发生反应，导致肺功能减弱和组织损伤，出现咳嗽、呼吸短促、鼻咽刺激，甚至在呼吸时有不适或痛感。较高浓度的臭氧会损伤儿童的肺功能，引发胸痛、恶心、疲乏等症状。臭氧还会破坏人体免疫机能，如果孕妇在怀孕期间过量接触臭氧，胎儿也会受到不良影响。

　　20 世纪 50 年代，美国发生了著名的洛杉矶光化学烟雾事件，臭氧就是元凶之一，高浓度的臭氧导致严重的人体健康危害。据报道，1955 年当地因呼吸系统衰竭死亡的 65 岁以上老人达 400 多人；许多人出现眼睛痛、头痛、呼吸困难等症状。直到 70 年代，洛杉矶市还被称为"美国的烟雾城"。

# 73. 如何巧避臭氧污染?

　　欧美等发达国家很早就开展了臭氧对健康影响的研究，但目前人类对于在高臭氧浓度下暴露的长期效应还不是十分清楚。我国的臭氧浓度标准，主要参考了欧美国家的标准。

　　若要实施有效的区域近地面臭氧和光化学烟雾污染控制，首先必须了解一个城市或区域臭氧生成的来源有哪些，而且由于臭氧生成浓度随前体物浓度变化的非线性机制，需要了解臭氧生成是处于氮氧化物控制阶段还是挥发性有机物控制阶段。

大量研究表明，除了燃煤锅炉等固定排放源外，低空排放的城市机动车尾气对城市大气臭氧浓度升高也有显著影响。因此，世界各国大城市均采取控制城市机动车尾气排放、大力发展公共轨道交通等措施，以防止区域光化学烟雾发生和近地面臭氧浓度超标。

需要特别指出的是，目前相关部门及公众注意力均集中在$PM_{2.5}$防治上，夏季的臭氧污染极易被忽视。专家建议，应尽快开展相关研究，了解臭氧发生机制，明确臭氧前体物污染来源清单，有效控制其排放，掌握其在大气中的比例，以减少臭氧的生成并降低其对公众健康和生态环境的危害。

生活中，由于夏季臭氧污染出现时间段主要在午后至傍晚，这时室外比室内浓度高，下风向比上风向浓度高，因此应尽量减少户外活动，以有效避开臭氧污染。

# 74. 臭氧污染怎样控制？

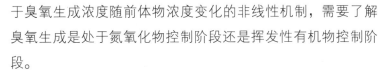

臭氧污染已成为我国大气治理新挑战。近些年，臭氧平均浓度、最大浓度、超标频率及高值持续有逐年增加的趋势。这表明，大气的氧化性有增强发展的趋势，同时也促进了二次颗粒物的生成，表现为区域性的灰霾和光化学烟雾复合污染。

针对日益凸显的臭氧污染，我国实施的新《环境空气质量标准》（GB 3095—2012）中，增加了臭氧（$O_3$）监测项目。新国标关于臭氧的控制标准为：臭氧 8 小时浓度日平均值一级为 100 微克／立方米，二级为 160 微克／立方米。纳入标准开展监测，是臭氧污染防治的第一步。

减少来源，控制前体物排放。臭氧是典型的二次污染物，控制其前体物排放是治理的关键。臭氧的前体物主要是氮氧化物和挥发性有机污染物，而这两种污染物同样也是二次细颗粒物的前体物。因此，有效控制这两项前体物的排放不仅对控制臭氧污染非常重要，对防治 $PM_{2.5}$ 同样重要。

此外，臭氧的产生与地区性的交通运输、石化行业和燃煤锅炉等工业生产污染源的排放特征，以及地形和气象条件也密切相关。

# 75. 链接：为何增加臭氧浓度监测？

国际上关于保护人体健康的臭氧环境空气质量基准研究，最早是从 1 小时浓度值开始的。因为研究发现，人在 1～3 小时短期急性暴露于较高浓度水平的臭氧中会影响身体健康，为此发达国家制定了 1 小时浓度标准。

但在随后的研究中发现，人们如果在低浓度水平下暴露 6～8 小时仍然会对健康产生不良反应。与 1 小时暴露相比，较低浓度水平 8 小时暴露引起的健康效应更直接相关。因而，

20 世纪 90 年代后期，国际上将臭氧环境空气质量基准逐渐发展为 8 小时浓度值。

发达国家现行标准主要采用 8 小时平均浓度限值，废除了 1 小时平均浓度限值，主要是由于臭氧的浓度水平已经下降到较低浓度水平。

我国的臭氧浓度标准，主要参考了欧美国家的标准。虽然我国未开展过系统的臭氧环境空气质量监测，但已有的研究表明，我国一些地区臭氧的浓度水平较高，污染存在加重趋势，因而继续保留了 1 小时平均的取值时间，以控制较高浓度水平下对公众健康造成的潜在影响。

为使标准具有先进性，综合考虑国内实际情况和国际发展趋势，在修订《环境空气质量标准》（GB 3095—2012）时，规定一级空气质量标准中臭氧 1 小时平均浓度限值为 160 微克／立方米，二级标准中臭氧 1 小时半均浓度限值为 200 微克／立方米，在国际上处于中间水平，并增加了 8 小时平均浓度限值，与国际接轨。

根据《环境空气质量标准》（GB 3095—2012），环保部门应每小时进行臭氧监测，并实时发布数据。同时在空气质量日报中，报告臭氧 8 小时浓度值，即以一天中最大的连续 8 小时臭氧浓度均值，作为评价这一天臭氧污染水平的标准。

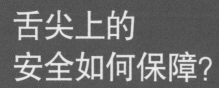

# 舌尖上的
# 安全如何保障?

## 编者的话

　　民以食为天。目前，食品安全问题频发，人们对于舌尖上的安全忧虑重重。导致食品安全出现问题的原因方方面面，从田间到餐桌的每一个环节都可能成为一次食品安全事故的导火索。确保广大人民群众食品安全，源头在农产品，基础在农业，要把住生产环境安全关，治地治水，净化农产品产地环境，形成严格的监管制度，建立食品安全监管责任制和责任追究制度，使权力和责任紧密挂钩。

## 76. 食品安全源头有哪些威胁?

　　导致食品安全问题的直接原因在源头，即"产"出环节的污染。具体来看，源头污染可分为以下几个方面：

　　（1）土壤污染。我国部分地区的土壤遭遇重金属等的污染，但依然在种植作物。这些污染最终通过食物链进入人体，危害健康。

（2）过量使用农药化肥。一方面，未被吸收的化肥残留在土壤中，污染地下水；另一方面，靠化肥催熟的农作物，其品质难以保证。我国化肥和农药的生产量和使用量世界第一，但使用率比世界发达国家低 20% ~ 30%。同时由于农民缺乏科学的施肥知识与习惯，存在单纯靠追施化肥获得产量的思想误区。

根据商务部发布的《流通领域食品安全调查报告》针对农村生产者的调查显示，绝大部分农民不知国家明令禁止使用的农药和售药目录；近 50% 的农民在使用农药时没有农业技术人员指导，一药多用现象特别普遍；一些农民受利益驱动，打过农药的蔬菜未过休药期即采摘上市销售；半数以上蔬菜上市前没有经过产地检验；10% 以上的种植地和养殖地周边环境存在污染源。

（3）过密化养殖。"过密化"饲养畜禽可以降低成本，这促使很多养殖户通过数量取胜，增加经济效益。而在这些饲养密集度过高的情况，会使家禽疫病抵抗力下降，易暴发传染性疾病。当前，病毒变异的速度越来越快，作为禽业大国和候鸟的主要集散地，中国的家禽养殖方式潜藏着巨大的风险，如禽流感的暴发对中国的养殖方式提出了严峻的挑战。

（4）滥用添加剂和抗生素。各种速长剂、生长剂等植物生长素被冠之以"高效农业"而滥用；家禽家畜的防病治病过程中又使用大量的抗生素，这些最终都将通过食物链对人类的健康造成侵害。

# 77. 如何加强流通环节的监管？

食品安全是"管"出来的，因此应加强流通环节食品安全监管，形成覆盖从田间到餐桌全过程的监管制度，建立更为严格的食品安全监管责任制和责任追究制度，使权力和责任紧密挂钩。

改革多部门分工监管的食品安全监管体系。目前我国食品安全属于多部门分工监管，与美国的监管体系相类似。不过，美国主要是按照食物的种类来划分部门职能，而我国则是按生产、流通、消费等环节来划分部门职责。这样的分工监管体系，使众多相互平级的执法部门职责交叉和形成权力的真空地带在所难免。应加强国家食品安全委员会的统筹和协调，形成由政府专门机构牵头，跨部门、跨地域参与的食品安全管理局面，厘清和规定各食品安全执法机构的职能、分工、权限范围和责任，加强联动、配合，建立起有效的政府管理体系，为实现食品全程监管提供可能性。

建立社会综合监管方式。食品安全监管是一项复杂的系统工程，不仅涉及的食品种类多、生产加工流通企业多、分布范围广，而且涉及相当多的科学研究领域。所以，仅仅依靠政府有关部门是难以实现全程、全行业、全部食品种类、覆盖全国所有地区的食品安全监管，要建立由政府相关部门、科学家和消费者共同参与的社会综合监管方式。此外，宣传、发动和组织消费者参与和协助政府有关部门进行食品安全监管，变原有的部门监管为社会综合监管，结合"12315"投诉，发动社会综合力量实现群防群治。

严格食品准入制度。要求所有的食品经营者建立进货台账、销售台账制度，是在食品流通过程中实施产品准入监管的关键。此外，严厉打击无照与无证等违法食品经营行为，加强农村食

品市场的监督与管理。

建立食品溯源制度与问题食品召回制度。我国现行的法律体系中，都没有对问题食品召回制度予以明确的规范和界定。事实上，问题食品召回制度，不仅是对受害者的一种补偿，也是食品安全保障制度的一部分，应将其以法律形式固定下来。当然，建立问题食品的召回制度有赖于其他制度的配合，如各类食品安全标准的制定和第三方检验机构对问题食品的认定、食品溯源制度的建立和食品召回责任险等。

食品安全源头在农产品，基础在农业，正本清源，用最严谨的标准、最严格的监管、最严厉的处罚、最严肃的问责，确保广大人民群众"舌尖上的安全"。

# 78. 国外源头管理有何高招？

欧盟：建立溯源制度。欧盟于 2002 年首次对食品生产提出了"可溯性"概念，对食品、饲料等关系公众健康的产品强制实行从生产、加工到流通等各阶段的溯源制度。

比如在德国，以超市里销售的鸡蛋为例，每一枚鸡蛋上都有一行红色的数字。如 2-DE-0356352，第一位数字用来表示产蛋母鸡的饲养方式，"2"表示是圈养母鸡生产；DE 表示出产国是德国；第三部分的数字则代表产蛋母鸡所在的养鸡场、鸡舍或鸡笼的编号。消费者可以根据红色数字传递的信息视情况选购。

日本：实施产品信息登记管理。日本要求米面、果蔬、肉制品和乳制品等农产品的生产者、农田所在地、使用的农药和肥料、使用次数、收获和出售日期等信息都要记录在案。农协收集这些信息，为每种农产品分配一个"身份证"号码，供消费者查询。

日本报纸上经常有主动召回食品的广告。日本采用以消费者为中心的农业和食品政策，食品只有通过重重关卡才能登上百姓的餐桌。在食品加工环节，原则上除厚生劳动省指定的食品添加剂外，食品生产企业一律不得制造、进口、销售和使用其他添加剂。

美国：注重源头控制。美国政府强调食品安全应以预防为主，特别注重加强源头控制。2009年7月，美国国会通过了《2009年食品安全加强法案》，进一步扩大了联邦食品和药品管理局的职权，并对食物在种植、收获、流通等方面设定相应的标准，以预防食品安全事故的发生。

同时，作为食品进口大国，为了从源头上确保进口食品的安全，美国食品和药品管理局、马里兰大学等机构于2011年9月成立了国际食品安全培训实验室，对来自全国各地的科学家进行检测技术、食品安全标准、监管政策等方面的培训。

# 79. 链接：哪些因素威胁世界粮食安全?

根据联合国粮农组织发布的《世界粮食不安全状况报告2014》,2012—2014年估计约有8.05亿人长期受食物不足困扰,比上个十年减少1亿多人,比1990—1992年减少2.09亿人。食物不足发生率同期在全球范围内从18.7%降至11.3%,在发展中国家从23.4%降至13.5%。

尽管整体已取得进展,但世界粮食安全形势依然不容乐观。同时,各区域间仍存在巨大差异,一些国家由于农村基础设施长期不足甚至不断恶化,国内粮食获取缺乏保障或者自然资源有限且薄弱,粮食获取仍是一项挑战。有的国家甚至由于粮食安全严重依赖从国际粮食市场进口,稳定性挑战突出。

具体来看,影响世界粮食安全主要有以下几个因素:

人口增长。在影响粮食安全的各种因素中,人口是最为直接和最为重要的因素。据联合国人口基金估计,到2050年,全世界人口将达到96亿~104亿人,届时农业生产必须增加70%才能满足新增人口的需要。

耕地相对减少。目前,世界各国城市及道路建设中侵占耕地的现象十分普遍,耕地面积日渐减少,但各国对耕地的需求却在不断增加。当前世界人口数量正以年均约8 500万人的速度增长,因此需要更多的耕地用于种植粮食。

自然资源退化。目前广大发展中国家自然资源退化严重,

土地沙化面积不断扩大，水源污染严重，持续干旱频频发生。自然资源的退化导致贫困加剧，而贫困化又进一步推进了自然资源的退化。特别是世界性水危机已成为制约粮食生产发展的致命因素。

气候变化。粮食生产与气候保持着高度的因果联系，气候变化成为影响粮食安全的关键因素。联合国粮农组织研究报告指出，今后20～50年的农业生产将受到气候变化的严重冲击，并进而严重影响全球超长期的粮食安全。

生物能源。生物能源的最终来源是农业，因而世界粮食供求的格局与生物能源的发展存在直接联系，有专家指出，全球因制造生物燃料而每年要"吃掉"大量玉米等粮食。

# 土壤污染危害几何?

## 编者的话

　　土壤是生物和人类赖以生存和生活的重要环境。随着工业化发展、城市化进程的深入，我国土壤污染不断加剧。2014 年 4 月，历时 9 年多完成的《全国土壤污染状况调查公报》正式发布，调查显示，全国土壤环境状况总体不容乐观。土壤污染直接威胁食品安全，最终影响到人体健康。土壤污染防治是一项系统性工程，而我国土壤环境中污染物来源广、种类多、危害大、治理难。为推进土壤污染防治，我国将其与大气、水污染治理一起并列为环保"三大战役"。

## 80. 全国土壤环境现状如何?

　　土壤是一个国家最珍贵的战略资源，是人类生存和发展的基础。只有健康的土壤才能生产出健康的粮食，进而造就健康的人群和健康的社会。从 20 世纪 80 年代以来，由于大量使用化肥和农药，加之乡镇企业大量出现，工矿企业遍地开花，而环保措施并不配套，导致出现农业生产带来的土壤退化和工业污染带来的土壤污染问题。在双重作用下，近年来粮食安全问题倍显突出，镉大米事件频繁发生就是其中的表现。

2005 年 4 月 ~ 2013 年 12 月，我国开展了首次全国土壤污染状况调查。调查范围为中华人民共和国境内（未含香港特别行政区、澳门特别行政区和台湾地区）的陆地国土，调查点位覆盖全部耕地，以及部分林地、草地、未利用地和建设用地，实际调查面积约 630 万平方公里。

调查显示，全国土壤环境状况总体不容乐观，部分地区土壤污染较重，耕地土壤环境质量堪忧，工矿业废弃地土壤环境问题突出，工矿业、农业等人为活动以及土壤环境背景值高是造成土壤污染或超标的主要原因。

全国土壤总的超标率为 16.1%，其中轻微、轻度、中度和重度污染点位比例分

别为 11.2%、2.3%、1.5% 和 1.1%。污染类型以无机型为主，有机型次之，复合型污染比重较小。其中无机污染物超标点位数占全部超标点位的 82.8%。镉、汞、砷、铜、铅、铬、锌、镍 8 种无机污染物点位超标率分别为 7.0%、1.6%、2.7%、2.1%、1.5%、1.1%、0.9%、4.8%；六六六、滴滴涕、多环芳烃三类有机污染物点位超标率分别为 0.5%、1.9%、1.4%。

从不同利用类型土壤来看，耕地、林地、草地、未利用地的点位超标率分别为 19.4%、10.0%、10.4% 和 11.4%。

从污染分布情况看，南方土壤污染重于北方；长江三角洲、珠江三角洲、东北老工业基地等部分区域土壤污染问题较为突出，西南、中南地区土壤重金属超标范围较大；镉、汞、砷、铅 4 种无机污染物含量分布呈现从西北到东南、从东北到西南方向逐渐升高的态势。

# 81. 土壤污染有何特点？

土壤污染是指具有生理毒性的物质或过量的植物营养元素进入土壤，而导致土壤性质恶化和植物生理功能失调的现象。土壤污染可导致土壤组成、结构、功能发生变化，进而影响植物正常生长发育，造成有害物质在植物体内累积，并通过食物链危害人畜健康，或经地面径流、土壤风蚀，使污染物向其他地方转移。土壤有一定的自净能力，但土壤一旦被污染，就很难恢复或短时间内很难恢复，有的甚至无法修复，特别是重金属污染。

　　土壤污染大致可分为无机污染物和有机污染物两大类。无机污染物主要包括酸、碱、重金属，盐类、放射性元素，含砷、硒、氟的化合物等。有机污染物主要包括有机农药、酚类、氰化物、石油、合成洗涤剂、苯并[a]芘以及由城市污水、污泥及厩肥带来的有害微生物等。

　　土壤污染具有以下特点：

　　隐蔽性和滞后性。土壤污染往往要通过对土壤样品进行分析化验和农作物的残留检测，甚至通过研究对人畜健康的影响后才能确定。

　　累积性。污染物质在土壤中不易扩散和稀释，容易因不断积累而超标，使土壤污染具有很强的地域性。

　　不可逆转性。重金属对土壤的污染是一个不可逆转的过程，许多有机化学物质的污染需要较长时间才能降解。比如，被某些重金属污染的土壤可能要100～200年时间才能够恢复。

　　难治理。积累在污染土壤中的难降解污染物，很难靠稀释作用和自净化作用消除。有时需要靠换土、淋洗土壤等方法才能解决。

# 82. 造成土壤污染的原因有哪些？

　　土壤污染主要影响因素是粗放式的发展模式和农药化肥的不合理使用。由于土壤是一个开放的缓冲物质体系，与水体、大气和生物之间不断进行物质和能量交换，一旦发生污染，三者之间就会有污染物质的相互传递。土壤承担着环境中大约90%的污染物质。

造成土壤污染的主要原因：

农药和化肥。长期大量使用氮、磷等化学肥料，以及DDT、六六六、氯丹等有机氯与有机磷类农药，会破坏土壤结构，造成土壤板结、耕层变浅、耕性变差、保水肥能力下降、养分减少和生物种类及数量减少等。另外，过剩的化肥和农药，在土壤中发生化学反应，一些污染物可淋溶于水，对地下水环境安全构成威胁，也会挥发污染大气。据估计，我国单位耕地面积化肥及农药用量分别为世界平均水平的2.8倍和3倍，大量化肥和农药通过土壤渗透等方式对地下水造成污染。

重金属污染。重金属污染十分难以消除，如土壤受到镉、砷、铬、铅、汞等污染后，将成为环境长期、潜在的污染物，并通过食物链富集产生生物放大作用。除了源自重化工业污染源外，农业投入品滥用、外源性污染、养殖污染等也成为土壤重金属污染的罪魁祸首。

污水灌溉。未经处理或未达到排放标准的工业污水中含有重金属、酚、氰化物等许多有害物质，这些有毒有害物质带至农田，会造成土壤污染。

酸沉降。大气中的二氧化硫、氮氧化物等物质，在大气中发生反应形成酸雨，通过沉降和降水而降落到地面，引起土壤酸化。

固体废物。污泥作为肥料施用，常使土壤受到重金属、无机盐、有机物和病原体的污染。工业固体废物和城市垃圾向土壤直接倾倒，易使重金属向周围土壤扩散。

牲畜排泄物和生物残体。禽畜饲养场的厩肥和屠宰场的废物，如果不进行物理和生化处理，其中的寄生虫、病原菌和病毒等就可能引起土壤和水域污染。

# 83. 土壤污染对健康有哪些危害？

被污染的土壤对人体健康将造成直接和间接的影响。

直接影响。人在活动时不可避免地暴露于土壤物质中，会有意无意地食入少量土壤，或通过大气吸入土壤中的细颗粒物，或经皮肤接触渗入，使土壤中的有毒有害物质进入体内，引发急慢性中毒或呼吸、消化系统等疾病。同时，病原体污染会引发肠道传染病等疾病暴发。此外，有些人畜共患的传染病，可通过土壤在禽间或人禽间传染。

通过食物链危害人体健康。土壤中的污染物如汞、镉、铅、砷等重金属和酚、苯并[a]芘等有机化合物，最终会通过食物链富集进入到人体和动物体内，对健康造成威胁，有些具有"三致"作用和不可逆性。如慢性镉中毒会引发骨骼病变，土壤中铬进入体内可使血红蛋白变性，从而降低其携氧能力，并具有致突变作用。残留农药转移到体内后不易分解，长期积累会引起内脏机能受损，造成慢性中毒，特别是杀虫剂所引起的"三致"问题令人担忧。

放射性物质会造成人体损伤。土壤被放射性物质污染后，射线对机体既可能造成外辐射损伤；部分放射性核素也可能经过呼吸道、消化道、皮肤等途径直接进入人体，参与体内生物循环，造成内辐射损伤，使人出现头昏、脱发、白细胞数量异常等情况。

# 84. 我国推进土壤修复有何举措？

土壤修复是指利用物理、化学、生物的方法转移、吸收、降解和转化土壤中的污染物，使其浓度降低到可接受水平，或将有毒有害物质转化为无害的物质，从而使遭受污染的土壤恢复正常功能的技术措施。目前，土壤修复技术已达百余种，大致可分为物理、化学和生物三种方法。

20世纪80年代以来，世界上许多国家特别是发达国家均制定并开展了污染土壤治理与修复计划，面对严峻的土壤环境形势，我国正在采取一系列措施，加强土壤环境保护和污染治理。

编制土壤污染防治行动计划。目前，环境保护部正在抓紧推进这项工作。其制定的总体思路是：以保障农产品安全和人居环境健康为出发点，以保护和改善土壤环境质量为核心，以改革创新为动力，以法制建设为基础，坚持源头严控，实行分级分类管理，强化科技支撑，发挥市场作用，引导公众参与。

加快推进土壤环境保护立法进程。十二届全国人大常委会已将土壤环境保护列入立法规划第一类项目。环境保护部会同相关部门成立了土壤环境保护法规起草工作领导小组及专家组等。经过数年的努力，已初步形成法律草案。

进一步开展土壤污染状况详查工作。在首次全国土壤污染状况调查基础上，环境保护部将会同财政部、国土资源部、农业部、卫生计生委等部门组织开展土壤污染状况详查，进一步摸清土壤环境质量状况。目前已初步形成总体实施方案。

实施土壤修复工程。在典型地区组织开展土壤污染治理试点示范，逐步建立土壤污染治理修复技术体系，有计划、分步骤地推进土壤污染治理修复。

加强土壤环境监管。国家将强化土壤环境监管职能，建立土壤污染责任终身追究机制；加强对涉重金属企业废水、废气、废渣等处理情况的监督检查；严格管控农业生产过程的农业投入品乱用、滥用问题，规范危险废物的收集、贮存、转移、运输和处理处置活动，以防止造成新的土壤污染。

# 高铁如何既快速又环保？

## 编者的话

　　2008 年 8 月 1 日，中国第一条高速铁路京津城际列车开通运营。经过短短数年发展，我国已拥有世界上最大规模的高铁网络，搭建了世界先进的高速铁路动车组技术平台，并形成了"四横四纵"的高铁网络。高速铁路的迅猛发展为经济社会发展进入快车道发挥了重要作用，同时也由于其大容量、环保型及便捷、舒适、经济等特点，而大大改善了公众生活质量。

## 85. 高速铁路有哪些环保优势？

　　高速铁路又称高铁，按照 2014 年 1 月 1 日起施行的《铁路安全管理条例》规定，是指设计开行时速 250 千米以上（含预留），并且初期运营时速 200 千米以上的客运列车专线铁路。

　　高速铁路是根据不同区域人口分布、工商业布局、经济与科技实力等具体情况而采取的一种客运工具。我国铁路客流的特点是量大、集中、行程较长，基本国情及客流特点决定了我国应主要发展大容量、环保型、适应性强的公共交通体系，高速铁路就是这样公共交通体系中的佼佼者。其具有明显的节能环保效应，完全实现用电力牵引作业，具有"以电代油"功能。

减少土地的占用。铁路与公路相比，运送相等数量的旅客，高速铁路所需的基础设施占地面积仅是公路所需面积的25％。高速铁路多"以桥代路"，据统计，同等长度的桥梁占用土地面积是铁路路基占用土地面积的1/3，节约土地的效果明显。

新能源利用率高。高铁动力系统设计注重新能源技术的运用。如我国研制的新一代高速列车永磁同步牵引系统，已通过

国家铁道检测试验中心的地面试验考核，首辆装有这套系统的高铁已整车下线，可提高列车牵引效率，节省大量电能。同时，高速铁路在车站设计上大多使用绿色环保材料，如采用热电冷三联供和污水源热泵技术等，实现了能源的梯级利用，节约能源。

能耗低。高速铁路以电力牵引为主，不消耗石油、煤等传统燃料，减少了对不可再生能源的依赖。高铁的出现快速提升了铁路电气化水平，并且由于速度快、开车密度大、使用频率高，一条等长的高速铁路机车使用量相当于普通铁路的数倍，因而相对来说，大大提高了电能在整个铁路能源使用中的比重，优化了铁路的能耗结构。

排放少。高铁的排放也比其他交通工具更少。如日本新干线的人均碳排放量仅是私人小轿车的 1/10、公共汽车的 1/3、飞机的 1/6。

## 86. 铁路建设项目环评是如何规定的？

作为一种行之有效的环境管理制度，环境影响评价制度在预防污染和保护环境等方面发挥了重要作用。随着高速铁路建设的快速发展，给铁路建设中的环境保护带来了挑战。作为铁路建设前期工作的重要环节，我国对相关环境影响评价工作提出了明确要求，包括对规划和建设的铁路项目实施后可能造成的环境影响进行分析、预测和评估，提出预测或者减轻不良环境影响的对策和措施等。

根据我国《环境影响评价法》，建设项目的环境影响评价内容包括建设项目概况；建设项目周围环境现状；建设项目对环境可能造成影响的分析、预测和评估；建设项目环境保护措施及其技术、经济论证；建设项目对环境影响的经济损益分析；对建设项目实施环境监测的建议等。

2012年2月，为进一步规范铁路建设项目环境影响评价管理，促进铁路建设与环境保护协调发展，环境保护部下发《关于铁路建设项目变更环境影响评价有关问题的通知》，要求铁路建设项目在设计阶段和开工建设前，或在实施过程中发生变更的工程开工前，若工程范围、工程内容以及防治污染、防止生态破坏等措施发生重大变动，建设单位应在项目开工前或变更工程开工前，依法重新报批环境影响评价文件。同时，对功能定位、技术标准、工程内容、环境敏感区等类别发生变更的情况，规定了重新报批的原则。

# 87. 高速铁路会产生哪些环境影响？

相对于其他交通工具，尽管高速铁路具有较大的环保优势，但是仍然对环境有着不可忽视的影响，主要包括建设过程对大气和水环境的影响，以及高速运行产生的噪声、振动和低频音等。

噪声污染。噪声源主要有高速列车产生的轮轨噪声，列车

受电弓和接触网导线摩擦产生的集电系统噪声，高速运行列车的空气动力噪声，基础建筑物受振动产生的二次辐射噪声，以及来自动力源和车上设备的机械噪声。

污水、废气和固体废弃物污染。污水主要来自动车组、高速车站、供电段等生产、维修场所产生的含油污水、生活污水和高浓度粪便污水。沿线固体废物主要来自列车、车站等场所产生的垃圾等。

建设期内的水土破坏。建设施工期内环境影响因素较多，主要包括损坏地表植被、破坏原地形地貌和基本农田占用，以及对自然保护区及文化历史遗迹的影响等；桥涵施工对水环境的影响，包括对受纳水体水质的影响、水资源保护区的影响以及对水产养殖业的影响等。

对于颇有争议的高铁辐射问题，铁路部门表示，铁路部门对高铁动车组车厢、司机室等常年进行系统监测，其电场、磁场强度均符合国家相关标准，不会影响乘车人员的身体健康。其实，有电的地方就会有辐射。高铁作为电力驱动的交通工具，的确会产生辐射。列车车厢内的电磁辐射，不仅和列车使用的电气特性有关，还与车辆类型、测量点在车厢内的位置和高度、列车行驶状态等复杂的因素有关。但对于高铁或其他电器产生的极低频电磁辐射与女性不孕率和流产率之间的关联，目前在研究中并没有被明确证实。

# 88. 链接：发达国家对铁路环评有何规定？

德国：新建、扩建铁路项目从立项开始就对沿线的环境进行调查，并根据国家有关环境保护方面的法律，结合沿线环境特点及环保要求进行方案优选。与我国有所区别的是，在项目前期勘测阶段，环保部门就参与线路专业进行的现场调查，线路方案的确定中环保部门是十分重要的影响因素。

德国铁路建设项目的环境影响评价分为五个阶段。第一阶段，对铁路相关设施、配套条件进行一般性调研，在此基础上进行专项调研。第二阶段，召开研讨会议，由项目承担单位提出建议，由项目承担单位、地方政府环保部门及自然保护专家三方共同参加。第三阶段，提出决定性的文件，在文件中要求对建设项目进行描述，重点是建设项目对环境的影响。第四阶段，将决定性文件征求意见，征求与建设项目相关部门的意见。第五阶段，将环评报告书报批稿报运输部铁路管理局确认，再报国家主管部门或地方当局批准。经批准的环评报告书作为建设项目中环境保护的法定文件，在建设期间贯彻落实。

法国：铁路新线建设的环境影响评价由承担路网建设的法国铁路路网公司（简称 RFF）负责提出。RFF 公司则一般委托环保咨询公司对工程环境影响进行评价，诸如水、噪声、水土保持、地貌、动植物等环境要素的影响。

铁路的环评过程将广泛听取公众意见，将评价报告公布于众，并征求国家环境保护主管部门的意见。环评报告的主要特点是，提出的措施具体可行，并与工程融为一体，重点反映环境保护措施的可行性。比如，线路通过野生动物保护地区，环评报告会提出选线应尽量避开有动物经常活动区域，实在避不开，则提出相应的保证动物迁徙、栖息、繁殖条件的措施，如必须做好隔离和通道措施，根据动物类型和习性设置通道，而且要与周围环境 / 地貌协调，不使动物望而生畏。

# 保护大气环境，
# 你我能做什么？

## 编者的话

大气污染治理是一项长期的系统性工程，我国政府对此高度重视，综合施策，持续发力，先后出台了包括《大气污染防治行动计划》等在内的诸多政策措施。面对严峻的大气环境形势，每一个人都是"受害者"，同时也是"贡献者"。这就要求我们每一个社会成员都能从自身做起、从点滴做起、从身边的小事做起，向污染宣战，不仅科学认识大气污染，而且应积极践行节约、绿色的消费方式和生活习惯，为改善空气质量、建设美丽中国贡献力量。

## 89. 我国大气环境面临哪些污染问题？

在我国的许多地区，大气污染类型已发生改变，由过去单一"煤烟型"污染转变为多种污染物相互作用的"复合型"污染。

燃煤大气污染。能源结构不合理是重要一项，我国燃煤污染的问题较为突出。全国人大常委会执法检查组的报告显示，

2013年，全国煤炭消费总量达36.1亿吨，占能源消费总量的65.7%。特别是在北方冬季采暖期，燃煤量大面广、管理粗放，城郊和农村散煤燃烧后直接排放，导致空气质量季节性下降尤为明显。以大气污染情况较为严重的京津冀地区为例，北京目前年均燃煤量为2 100万吨，天津将近7 000万吨，而河北省则有近3亿吨。

工业大气污染。随着工业化、城镇化的快速发展，有的地方政府过于追求发展速度，重化工产能快速扩张，钢铁、水泥、电解铝等高污染、高耗能的产能严重过剩，产业结构重型化特征明显。2013年，工业能源消费量占全国能源消费总量的73%，六大高耗能行业能源消费量占工业能源消费总量的79%。部分老工业城市主城区及周边还存在大量重污染企业，严重影响城市空气质量。

机动车船大气污染。近年来，我国汽车保有量迅速增加，在拉动经济发展，改善公众生活质量的同时，也带来了严重的空气污染。研究表明，灰霾现象与机动车排放的氮氧化物和碳氢化合物等存在明显的关系。一些城市臭氧浓度逐步在增高，个别城市发生光化学污染的可能性在不断增加。而臭氧浓度增高和机动车尾气有着密切的关系。

扬尘污染。施工扬尘是大气污染的重要源头之一。进行房屋建筑、市政基础设施施工、河道整治、建筑物拆除、物料运输和堆放等活动时，如不采取必要措施，就会产生大量扬尘。

其他大气污染。包括燃放烟花爆竹、餐饮服务业油烟排放、秸秆焚烧等。

# 90. "同呼吸、共奋斗"公民行为准则指导思想是什么？

根据《大气污染防治行动计划》，为动员全民参与环境保护和监督大气污染防治，树立"同呼吸、共奋斗"的责任感，携手共建天蓝、地绿、水净的美丽家园，环境保护部于 2014 年 8 月编制并向社会公布了《"同呼吸、共奋斗"公民行为准则》（以下简称《准则》）及释义。

《准则》以科学发展观为指导，以生态文明建设为统领，以保护人民群众身体健康为出发点，重点选择影响突出、有代表性的公民行为作为核心内容。同时，表述简洁明了，易记易行，注重突出人们在日常生活中与大气污染防治相关的行为规范，以此增强公众环境意识、责任意识，提高公众环境道德水平，强化环境法制观念，在全社会形成"同呼吸、共奋斗"的价值理念和行为方式，推动社会公众参与大气污染防治和环境保护。

《准则》内容涵盖公民的知情权、监督权和参

参与大气环境保护，了解空气质量信息
响应政府应急预案，采取健康防护措施
·中华人民共和国环境保护部·

与权，注重引导、倡导和呼吁，倡导公民履行保护大气的义务，包括关注空气质量、做好健康防护、减少烟尘排放、坚持低碳出行、选择绿色消费、养成节电习惯、举报污染行为、共建美丽中国等内容。

考虑到公众行为方式受工作性质、生活习惯、经济水平、区域特点等多种因素影响，《准则》没有对公众行为进行量化规范，而是注重倡导公众提高环境意识，树立环境道德理念，培养公民责任感，自觉采取减少大气污染的行动，携手共建天蓝、地绿、水净的美丽家园。

# 91. 保护大气环境，你我能做什么?

保护大气环境，需要社会各界的共同参与，从身边的点滴小事做起，积极践行低碳环保的生活和消费方式。

减少烟尘排放。不随意焚烧垃圾秸秆，不燃用散煤，少放烟花爆竹，抵制露天烧烤。

《大气污染防治法》规定，任何单位和个人都有保护大气环境的义务。露天焚烧沥青、油毡、橡胶、皮革、垃圾、落叶、杂草、秸秆等废物会产生有毒有害烟尘。散煤的硫分和灰分比较高，不易充分燃烧，污染物排放量较大；大量燃放烟花爆竹、露天烧烤食品产生的烟尘也会加剧大气污染。

坚持低碳出行。尽量乘公交出行，或合作乘车、步行、骑自行车，不驾驶、乘坐尾气排放不达标车辆。

公共汽车、地铁、火车等公共交通工具载客量大，人均每千米排放的大气污染物少。鼓励乘坐公共交通工具，或骑自行车等绿色出行方式，有益于健康，节约能源。

选择绿色消费。优先购买绿色产品，不使用污染重、能耗大、过度包装产品。厉行节约，节俭消费，循环利用物品，参与垃圾分类。

鼓励和引导使用有利于保护环境的产品和再生产品，减少废弃物的产生。对生活废弃物进行分类放置，减少日常生活对环境造成的危害。选购绿色产品，循环利用物品，有助于减少产品生产、流通、消费及处理处置环节的污染和能耗，也有助于减少处理生活垃圾所需的运输、填埋或焚烧需求，从而降低

这些过程的大气污染物排放。

养成节电习惯。适度使用空调，控制冬季室温，夏季室温不低于26摄氏度；及时关闭电器电源，减少待机耗电。

我国是耗煤大国，适度使用空调、关闭不用的电器电源等节约用电习惯，意味着减少燃煤，可以间接减少大气污染物排放。单位和个人都应当依法履行节能义务，有权检举浪费能源的行为。

共建美丽中国。学习环保知识，提高环境意识，参加绿色公益活动，共建天蓝、地绿、水净的美好家园。

雾霾的形成是长期积累的结果，必须付出长期艰苦的努力。只要全社会每一个人都自觉行动起来，从自己做起、从点滴做起，从身边的小事做起，汇聚起千百万人的行动，就能切实改善空气质量。

# 92. 遇到环境违法行为，我们该怎么做？

新修订的《环境保护法》规定，公民、法人和其他组织发现任何单位和个人有污染环境和破坏生态行为的，有权向环境保护主管部门或者其他负有环境保护监督管理职责的部门举报。《大气污染防治法》也规定，任何单位和个人都有保护大气环境的义务，并有权对污染大气环境的单位和个人进行检举和控告。

公众可以拨打全国统一的环保举报热线"12369"，向各级环境保护主管部门举报污染大气及破坏生态环境的行为，并请求环境保护主管部门依法处理。

随着信息技术的发展，举报途径也有了新拓展，如向本地环保部门政务微博、官方网站举报等，都是可行途径。比如，天津市环保局最近发布的《天津市环境违法行为有奖举报暂行办法》明确规定，举报方式包括拨打"12369"热线、北方网"政民零距离"平台、"@天津环保发布"政务微博以及来信来访等。

此外，为了鼓励公众参与监督举报，很多地方都出台了环境违法行为举报奖励办法，对举报人给予物质奖励。

# 如何加强信息公开
# 增强舆论引导?

## 编者的话

环境信息公开是一种全新的环境管理手段。它承认公众的环境知情权和监督权,通过公布相关信息,借用公众舆论和公众监督,对环境污染和生态破坏的制造者施加压力。

为贯彻执行新修订的《环境保护法》,指导和监督企业事业单位开展环境信息公开工作,环境保护部于 2014 年 12 月 19 日发布了《企业事业单位环境信息公开办法》,这是继 2008 年施行《环境信息公开办法(试行)》以来,环保部门采取的保护公众知情权的又一重要措施。作为环境保护的"阳光政策",信息公开意义深远,必将把公众参与环境保护提升到一个新的水平。

## 93. 环保部门信息公开的范围有哪些?

为进一步加强新时期环境保护信息公开工作,环境保护部下发通知,要求加强环境核查与审批信息的公开,深入推进行政权力公开透明运行;加强环境监测信息,公开、全面推进涉及民生、社会关注度高的环保信息公开;加强重特大突发环境事件信息公开，及时公布处置情况。

另外，根据《环境保护部信息公开指南》规定，环境保护部应向社会主动公开的信息主要有以下几类：法律文件，如环境保护法律法规、标准、环境保护规则和规范性文件等；污染企业名单，如污染物排放超过国家或者地方排放标准，或者污染物排放总量超过地方人民政府核定的排放总量控制指标的污染严重企业名单，发生重大、特大环境污染事故或者事件的企业名单，拒不执行已生效的环境行政处罚决定的企业名单等。同时，应公开的信息还包括公众日常较为关心的环境质量状况、环保部门的机构设置、工作职责及其联系方式等。

此外，《环境保护法》对地方政府的环境信息公开也有明确规定。如省级以上人民政府环境保护主管部门应定期发布环境状况公报；县级以上人民政府环境保护主管部门和其他负有环境保护监督管理职责的部门，应当依法公开环境质量、环境监测、突发环境事件以及环境行政许可、行政处罚、排污费的征收和使用情况等信息；县级以上地方人民政府环境保护主管部门和其他负有环境保护监督管理职责的部门，应当将企业事业单位和其他生产经营者的环境违法信息记入社会诚信档案，及时向社会公布违法者名单。

## 94. 信息公开的方式和程序是怎样的？

环保部门应整合信息公开资源和渠道，建立健全信息公开工作领导机制和推进机制，落实信息公开责任主体，提升信息公开服务效能。将主动公开的政府环境信息，通过政府网站、公报、新闻发布会以及报刊、广播、电视等便于公众知晓的方式公开，进一步提高环保工作的透明度和公信力。

根据《环境保护部信息公开指南》规定，环境保护部对主动公开的政府信息，主要采取以下形式公开：环境保护部政府网站(www.mep.gov.cn)、行政服务大厅和《中国环境报》。

属于主动公开范围的政府环境信息，环保部门应当自这一环境信息形成或者变更之日起20个工作日内予以公开。法律、法规对政府环境信息公开的期限另有规定的，从其规定。

环保部门应建立完善政府环境信息公开指南和政府环境信息公开目录，并及时更新。前者应包括信息的分类、编排体系、获取方式，以及政府环境信息公开工作机构的名称、办公地址、办公时间及具体联系方式等内容。后者则应包括索引、信息名称、信息内容的概述、生成日期、公开时间等内容。

# 95. 哪些政务信息是免予公开的？

环保部门在公开政府环境信息前，应当依照我国《保守国家秘密法》以及其他法律、法规和国家有关规定进行审查。

下列政务信息免予公开：属于国家秘密的；属于商业秘密或者公开可能导致商业秘密被泄露的；属于个人隐私或者公开可能导致对个人隐私造成不当侵害的；正在调查、讨论、处理过程中的，但法律、法规和本意见另有规定的除外；与行政执法有关，公开后可能会影响检查、调查、取证等执法活动或者会威胁个人生命安全的；法律、法规规定免予公开的其他情况。

但是，经权利人同意或者环保部门认为不公开可能对公共利益造成重大影响的涉及商业秘密、个人隐私的政府环境信息，可以予以公开。环保部门对政府环境信息不能确定是否可以公开时，应当依照法律、法规和国家有关规定报有关主管部门或者同级保密工作部门确定。

# 96. 重点排污单位应公开哪些环境信息？

重点排污单位向社会公开其环境信息，是保障公众依法享有获取环境信息、参与和监督环境保护权利的需要，也是社会信用体系建设的重要组成部分。

《环境保护法》对企业信息公开作出了明确规定，如第五十五条规定："重点排污单位应当如实向社会公开其主要污染物的名称、排放方式、排放浓度和总量、超标排放情况，以及防治污染设施的建设和运行情况，接受社会监督。"第六十二条规定："重点排污单位不公开或者不如实公开环境信息的，由县级以上地方人民政府环境保护主管部门责令公开，处以罚款，并予以公告。"

《企业事业单位环境信息公开暂行办法》也进一步明确和规范信息公开的内容、方式、时限以及监督。

重点排污单位应当强制性公开如下信息：基础信息，包括单位名称、组织机构代码、法定代表人、生产地址、联系方式，以及生产经营和管理服务的主要内容、产品及规模；排污信息，包括主要污染物及特征污染物的名称、排放方式、排放口数量和分布情况、排放浓度和总量、超标情况，以及执行的污染物排放标准、核定的排放总量；污染防治设施的建设和运行情况；环境许可信息，包括建设项目环境影响评价制度及其他环境保护行政许可情况；突发环境事件应急预案等。

重点排污单位应当通过其网站、企业事业单位环境信息公开平台或当地报刊等便于公众知晓的方式公开环境信息。同时，可采取公告或者公开发行的信息专刊，广播、电视等新闻媒体，信息公开服务、监督热线电话，本单位的资料索取点、信息公开栏、信息亭、电子屏幕、电子触摸屏等符合信息特点的以上一种或者几种方式予以公开。

环境保护部门要推进、指导、监督企业事业单位开展环境信息公开，明确企业事业单位的主体责任以及确定重点排污单位名录的基本依据，规范信息公开的内容、方式和时限。同时，环保部门要加强监督检查，对重点排污单位不公开或者不如实公开环境信息的违法行为，严格依法查处。

# 如何推动公众参与环保?

## 编者的话

　　推动公众参与环境保护，是党和国家的明确要求，也是改进政府提供公共服务方式，引导社会组织健康有序发展，充分发挥群众参与社会管理的基础。为此，新修订的《环境保护法》对信息公开和公众参与设专章做出规定。公众参与主要包括信息知情权、环境监督权以及对可能涉及公众环境利益的专项规划草案、报告发表环境评价的意见。汇群众智慧，集群众力量，使公众参与有序、理性、有效，将成为推动环境保护事业向前发展的不竭动力。

## 97. 公众参与的领域有哪些?

　　2014 年 7 月环境保护部印发了《关于推进环境保护公众参与的指导意见》，明确了公众参与的重点领域，包括环境法规和政策制定、环境决策、环境监督、环境影响评价、环境宣传教育等。

学习环保知识，提高环境意识

　　环境法规和政策制定。在环境法规、政策、规划和标准的制定、修改过程中，应依法在政府和环境保护行政主管部门门户网站、当地主流媒体上公布草案，召开座谈会、论证会、听证会等，公开征求公众意见，并对公众意见的征求、采纳情况及时予以公布。

　　环境决策。政府应当提高环境决策透明度，鼓励建立环境决策民意调查制度，把民意支持度作为是否决策的重要参考。建立健全专家论证会制度，发挥专家的专业支撑作用。鼓励公众、社会组织全程参与环境规划的实施与考核，提高环境决策民主化和科学化水平。

　　环境监督。环境保护行政主管部门可以聘请人大代表、政协委员、民主党派和无党派人士、环保社会组织代表担任环境保护特约监察员，对环境保护行政主管部门的环境执法工作进行监察；可以聘请环保志愿者、环保社会组织代表担任环境保护监督员，监督企业的环境保护行为和建设项目的环境事务。对公众反映的环境问题，环保部门应积极调查处理并及时反馈信息。支持新闻媒体进行舆论监督。

环境影响评价。政府应当严格落实环境影响评价公众参与的有关规章制度，及时公开建设项目环评信息，并召开专家论证会、公众听证会，充分、广泛征求公众意见。环境保护行政主管部门在受理建设项目或规划环境影响报告书后，要向公众公告环境影响报告书受理的有关信息。在作出审批或者重新审核决定后，应将审批或审核结果进行公告。环境保护行政主管部门在建设项目竣工环境保护设施验收、重点工业污染防治及生态恢复治理工程完成时，要公开征求公众意见，并对公众提出的合理意见予以采纳。

环境宣传教育。政府应当严格落实全国环境宣传教育行动纲要及相关政策，引导公众和环保社会组织积极参与环境宣传教育和知识普及工作。加强与电视、广播、报刊等传统媒体的深度合作，发挥网络、手机、微博等新媒体的作用，及时发布环境信息，解读相关政策，为公众解疑释惑。

# 98. 为何要大力推进公众参与环境保护?

公众参与环境保护对缓解当前新形势下环境决策新模式、化解社会风险、解决政府公关困境、消除公众误解、维护社会稳定都具有积极意义。

大力推进环境法规和政策制定的公众参与，有助于使出台的环境政策更加科学合理。

大力推进环境决策的公众参与,建立环境决策民意调查制,建立健全专家论证会制度等，有利于提高环境决策民主化和科学化水平。

大力推进环境监督的公众参与，建立环境保护特约检查员制度和环境保护监督员制度，有利于发挥群众监督力量，成为环境执法队伍的后备和扩充。

大力推进环境影响评价的公众参与，将很大程度上保障重大环保建设项目和规划项目的顺利进行，降低社会风险，减小环境群体性事件发生的可能性，减少资源浪费，打消各方疑虑，确保项目顺利推进和社会稳定和谐。

大力推进环境宣传教育的公众参与，引导环保社会组织积极参与环境宣传教育和知识普及工作，有利于在全社会营造关心、支持、参与环境保护的文化氛围，树立尊重自然、顺应自然、保护自然的生态文明理念。

# 99. 我国公众参与环境保护存在哪些不足？

随着经济社会的发展，社会公众的环境意识不断增强，参与环保的热情逐渐提高，政府有关部门的重视程度也逐步提升。但我国公众的环境意识和参与水平同世界发达国家相比，还比较低，存在许多不足之处。

参与机制有待健全。《环境保护法》规定，公民、法人和其他组织依法享有获取环境信息、参与和监督环境保护的权利。各级人民政府环境保护主管部门和其他负有环境保护监督管理职责的部门，应当依法公开环境信息、完善公众参与程序，为公民、法人和其他组织参与和监督环境保护提供便利。《关于推进环境保护公众参与的指导意见》也对公众参与的基本原则、主要任务、重点领域、保障措施等进行规定。不过，仍有不少机制有待探索建立，例如畅通有序的诉求表达、心理干预、矛盾调处、权益保障机制等。

可操作性不强。现行法律法规中关于公众参与的规定，大部分过于原则和抽象，缺乏可操作性，导致公众参与的范围较窄，公众权利不能得到充分发挥。如《水污染防治法》第十条规定："环境影响报告中，应当有该建设项目所在地单位和居民的意见。"但却没有相关的途径、形式和程序规定，建设单位、主管部门以及公众都因没有明确的权利义务而无法参与。另外，公众参与制度的实体和程序内容有待于进一步完善和补充。

参与形式较单一。我国目前法律制度中关于公众参与民主决策、参与政府管理的机制尚未建立；缺乏鼓励公众全过程广泛参与的激励性机制；由于是在政府倡导下进行的参与，很多时候公众很难有自己的独立立场。

参与意识有待提高。当前，公众参与环境保护被动参与多，主动参与少，形式上参与多，实质性参与少。公众参与主要集中在末端参与，即在环境遭到污染和生态遭到破坏之后，公众受到污染影响之后才参与到环境保护之中。因此，公众应当加强源头参与、全过程参与和主动参与意识。

环境知识储备和法律意识有待提升。环境问题具有专业性、复杂性。公众的理性参与必须以对环境问题的科学认知作为基础。在近年一些有公众参与的环境决策中，部分参与者缺乏对所涉环境问题的科学认知，无法形成独立、理性的判断，带有一定的盲目性。因此，公众应注重提升环境科学素养，加强环境知识学习。

# 100. 政府与公众如何实现良性互动？

政府要实现与公众的良性互动，应从以下 5 个方面着手：

加强宣传动员。培育公众参与环境保护的热情，广泛动员公众参与环境保护事务，维护自身的环境权益。推动电视、广播、报纸、网络和手机等媒体积极履行环境保护公益宣传社会责任，培养公众的环境伦理和道德，使公众理解并支持环保政策，知晓环境知识，提升环境素养，掌握参与技巧，提高参与能力，推动公众依法、理性、有序参与环保事务。

推进环境信息公开。环境信息公开和透明是公众参与的前提，各级环保部门应当主动公开环境信息。完善环境信息发布机制，细化公开条目，明确公开内容。通过权威信息发布平台和新闻发布会、媒体通气会等便于公众知晓的方式，及时、准确、全面地公开环境管理信息和环境质量信息。加强新闻发言人制度建设，及时回应群众关注的环保热点和焦点问题。积极推动企业环境信息公开，开展企业环境信用等级评定工作，定期公布评定结果。

畅通公众表达及诉求渠道。建设政府、企业、公众三方对话机制，开辟有效的意见表达和投诉渠道，搭建公众参与和沟通的对接平台。发挥环保社会组织在不同利益群体之间化解环境矛盾与纠纷的作用，为百姓分忧，为政府助力。支持环保社会组织合法、理性、规范地开展环境矛盾和纠纷的调查和调研活动，对其在解决环境矛盾和纠纷过程中所涉及的信息沟通、对话协调、实施协议等行为，提供必要的帮助。

完善法律法规。建立健全环境公益诉讼机制，明确公众参与的范围、内容、方式、渠道和程序，规范和指导公众有序参与环境保护。加强与司法机关的协调沟通，加大公众参与环境保护的司法保障。制定和采取有效措施保护举报人，避免举报人遭受打击报复。在公众向人民法院提请环境污染损害赔偿民事诉讼时，环境保护行政主管部门应当对环境污染损害取证等事务给予支持。

加大对环保社会组织的扶持力度。建立环保社会组织服务记录制度，为表彰激励提供依据。加强沟通与交流，增进理解与互信。服务与培训并重，在通过项目资助、政府向社会组织购买服务等形式促进环保社会组织参与环境保护的同时，对其成员进行专业培训，提升公益服务意识、服务能力和服务水平。积极支持环保社会组织开展环保宣传教育、咨询服务、环境违法监督和法律援助等活动，充分发挥环保社会组织在参与环境政策、法规、规划和标准的制定与实施中的咨询与参谋作用，鼓励他们建言献策。

后　记

　　《环境应知 100 问》如期与大家见面了。本书由环境保护部宣传教育司组织编写。环境保护部潘岳副部长非常关心本书编写工作，并为本书作序。

　　在编写过程中，中国环境科学研究院环境污染与健康研究室负责人张金良研究员、环境保护部环境工程评估中心张波高级工程师两位专家就书中相关内容进行了审核把关，并提出修改意见和建议。中国环境出版社学术著作图书出版中心孔锦主任为本书的编辑出版做了大量细致的工作，使得本书能够顺利出版。

　　在此，谨对关心、支持本书编写出版工作的领导、专家及有关人员表示衷心的感谢！

　　由于编者水平有限，加之时间紧迫，书中难免有错误和不妥之处，敬请广大读者批评指正。

编写组